2019年度中国科协学术资源科普化项目资助
百万市民学科学——“江城科普读库”资助
地质过程与矿产资源国家重点实验室自然资源科普基地资助

变魔术的宝石

Illusions Performed by Gemstones

范陆薇 等 编著

中国地质大学出版社
CHINA UNIVERSITY OF GEOSCIENCES PRESS

图书在版编目（CIP）数据

变魔术的宝石 / 范陆薇等编著 .—武汉：中国地质大学出版社，2020.3

ISBN 978-7-5625-4591-0

Ⅰ . ①变…

Ⅱ . ①范…

Ⅲ . ①宝石 – 光学效应

Ⅳ . ① P578

中国版本图书馆 CIP 数据核字（2019）第 258615 号

变魔术的宝石 范陆薇 等 **编著**

责任编辑：彭琳 选题策划：张琰 责任校对：徐蕾蕾

出版发行：中国地质大学出版社（武汉市洪山区鲁磨路 388 号） 邮政编码：430074

电 话：（027）67883511 传 真：（027）67883580 E-mail:cbb@cug.edu.cn

经 销：全国新华书店 http://cugp.cug.edu.cn

开本：787 毫米 ×1092 毫米 1/16 字数：152 千字 印张：9.5

版次：2020 年 3 月第 1 版 印次：2020 年 3 月第 1 次印刷

印刷：重庆新金雅迪艺术印刷有限公司

ISBN 978-7-5625-4591-0 定价：49.80 元

Illusions Performed by Gemstones

《变魔术的宝石》
编　委　会

编著者：范陆薇
参编者：李富强　胡波　赤诚　翁华强　谢浩　隋吉祥　赵心瑜

教育，点亮大众心灵，照耀人类未来，它的重要性众所周知。但怎样的教育才能既承袭历史的精华，又符合时代需求，还能促使未来社会向良性发展，是时代给予我们教育工作者的考卷。

从时间维度来说，良好的教育应该是长程的。它不仅仅是知识的叠加，还应该是知识与能力的协调发展。教育是获得知识和形成科学世界观，发展认知能力和创造能力，培养脑力劳动文明的基石，它将涵养一个人在整个一生中的思辨智慧和把知识运用于实践的能力。

良好的教育还应该是成体系的，相互交叉，共融共生的。学生的思维仿佛一条条小溪，教育工作者的责任是让这些小溪汇成一条河流，让这些细流不仅活跃地流淌着，还能清楚地观察到现象、原因、结果、事件、区别、共性、制约性、依存性，并感受到周遭的一切物质之间联系的纽带，从而形成动态的思维，创新已有知识体系，壮大创造的力量。

良好的教育更应符合自然的规律。列宁在《哲学笔记》里写道："人是需要理想的，但需要符合于自然界的人的理想，而不是超自然的理想。"习近平总书记在党的十九大报告中指出："人与自然是生命共同体，人类必须尊重自然、顺应自然、保护自然""牢固树立社会主义生态文明观，推动形成人与自然和谐发展现代化建设新格局"。贯彻落实党的十九大和习近平总书记重要讲话精神，必然要求推动形成绿色发展方式和生活方式，必然要拓展并深化以科学的生态观为核心的自然教育。

地球科学教育基于地球系统科学理论，研究人地关系和全球变化的资源环境效应，阐释"山水林田湖草"生命共同体理念，服务于人类资源利用、环境保护与防灾减灾的可持续发展目标，是实施科学教育的理想载体。

该书以通俗活泼的文字、精美的照片、细致的手绘图件、直观明了的思维导图、趣味十足的实验、动态的视频向读者传译"小石头"(矿物、岩石、宝石、化石）所承载的地球科学、材料科学和生命科学知识，激发读者的发散思维和创新思想。

希望这本书能够给读者带来焕然一新的科学体验，更希望这本书能够为我国科学教育事业添砖加瓦。

中国科学院院士
中国地质大学（武汉）校长

珠宝玉石是大自然赠予人类的瑰宝，是经历了水与火的洗礼，于沧海桑田的变迁之中凝结的精华。它们流光溢彩，璀璨灵动，伴随着人类的文明进步而熠熠生辉。

在珠宝玉石的大家庭中有一个群体，天赋异禀，性格乖张，被称为“宝石魔术师”。它们中有些擅长模仿，如猫眼宝石、星光宝石；有些热衷易容，如变色宝石；有些是天生的艺术家，笔精墨妙，如欧泊；有些偏爱制造氛围，或如冷月，或如粼粼波光，如月光石、砂金石。意料之中的，这些魔术师给大家带来了种种疑惑：猫眼石是一种特殊的宝石吗？星光效应是猫眼效应的升级版吗？火欧泊、黑欧泊同属一个家族，为何有如此迥异的外观？月光石的蓝与天空之蓝的形成是否异曲同工？变石的变色本领是怎样修炼的？砂金石的闪光效果是天然的吗？

带着这些疑问，我们走进“变魔术的宝石”的世界，跟随魔术师穿越宝石学发展的长廊，感受珠宝玉石大家庭的热情、奔放。我们在魔术师营造出的秘境中探险，追溯珠宝玉石的起源，揭开珠宝玉石的神秘面纱。

该书别出心裁地把特殊光学效应宝石从众多宝石中挑选出来，作主题式的编写和诠释，让这些宝石魔术师在人们脑海中的形象更生动、更丰富、更系统。如果您是中小学生，该书可以帮您理解光的折射、反射、衍射，还会让您对宝石资源有深刻的认识；如果您是科学导师，您将在该书的趣味实验中得到启发，丰富您的教育资源库；如果您是对宝石知识有兴趣的读者，您将从书中了解神秘的宝石世界，以及宝石与周遭的联系。让我们跟着作者，探索珠宝玉石的世界，开启变魔术的宝石之旅吧！

中国地质大学（武汉）珠宝学院院长

我和小范的相识，缘自一次公益科普书作者的聚会。作者们来自不同的领域，其中，小范来自宝石学研究领域，大家都为在大众文化层面传播科学作着贡献。

从科学社会学的角度看，大众科学传播是一种广泛的社会现象，它的独到之处就在于它通过浅显、有趣的方式建立起自然与人的联系，向大众传递科学与社会交融的信息。就拿这册书的主角“变魔术的宝石”来说，谁不知道宝石呢？它既美丽又神秘。世界上流传着无数关于宝石的故事和传奇，但如果只从感观去理解宝石的美，而不知道它的美由何而来、缘何而生、因何而珍，那么我们对于“自然之美”的认识就停留在了浅层，无法客观地欣赏和评价它，更不要说从“自然之美”中得到启迪，提升审美层次，焕发创新思维了。

科学教育无论是对科学的未来还是对世界的未来都是极为关键的。随着科学技术成为现代社会第一生产力，科学态度、科学方法、人文和科学精神成为现代公民的基本素质，几乎所有国家都认识到科学教育关乎国家和民族的兴衰。中国的现代科学教育始于20世纪初，在经历了上百年的探索和改革后，我国科学教育的目的已经逐渐由培养少数科技精英转变为大幅度提升公民的基本科学素质。教育部为保障全民科学素质行动在基础教育领域的顺利进行，重新修订并完善了中小学科学课程标准，于2017年秋季正式施行，主要包含物质科学、生命科学、地球与宇宙科学、技术与工程四个领域。

《变魔术的宝石》开篇就告诉了我们，珠宝玉石的大家庭其实不仅仅由晶质宝石组成，还包括有机宝石和玉石这两个重要“成员”；又从珠宝玉石界一场惊心动魄的大逃亡说起，盘点了该领域的陆—海—空大军；随后挑选了最具魔幻色彩的猫眼、星光、变彩、晕彩、变色、砂金效应，排演了一出令人眼花缭乱的宝石秀。全书以通俗活泼的文字、精美的照片、细致的手绘图件、直观明了的思维导图、趣味十足的实验、动态的视频向读者传译具备光学效应的宝石所承载的知识，融合物质科学、生命科学、地球与宇宙科学、技术与工程领域的概念，实现科学教育中科学（S）、技术（T）、工程（E）、艺术（A）、数学（M）的融合，建立跨学科的、完整的知识体系，激发读者的发散思维和创新思想。

随着教育部对研学旅行的重视，研学旅行市场呼唤集知识性、实践性于一体的专题性研学读本（资源）的出世。在此背景下，《变魔术的宝石》集合多学科知识，设计“想一想”“做一做”环节，匹配“义务教育科学课课标”中的相关内容，策划融科学知识、科学活动 / 实验、美育于一体的多维读本，是一本真正意义上的科学教育图书。相信本书的出版，定能掀起未来科普图书创新探索的浪潮。

希望这本书能够为我们的科学教育带来启示和借鉴。

中国教育学会科学教育分会会刊《科学课》原主编

姜允珍

CONTENTS

目录

01

第一章

CHAPTER ONE

珠宝玩儿“跨界”

——趣谈珠宝的多重身份

在人类历史的长河中，珠宝是永恒与美的象征，伴随着人类文明的发展，丰富着人类的生活。虽说珠宝的主要用途是用作首饰材料，但它其实是横跨数界的多栖明星，宗教礼器、生活用具、精密仪器中都可以见到它的身影。本章将揭秘珠宝在多个领域中千奇百怪的身份，让您对珠宝的用途有崭新的认识。

01

第一章

珠宝玩儿“跨界”

——趣谈珠宝的多重身份

人类与宝石的不解之缘可以追溯到人类历史的起点，那时候的人们尚未解决温饱问题，却也满怀闲情逸致，用古朴的工具捯饬（dáo chi）着别致的“石头”。可见，爱美之心自古有之。

2013 年底，克罗地亚克拉皮纳地区发掘了一批远古时期用鹰爪制成的物品（图 1-1）。科学家们注意到这些鹰爪上有细小而规律的刻痕，种种迹象显示这些鹰爪是当时人们制作的“首饰”。这些作品的年代可以追溯到距今 13 万年前。类似的稀奇古怪的饰品还有很多，例如在以色列的一处洞穴遗址中发现的用海蜗牛壳制成的珠子，以及在肯尼亚发现的用鸵鸟蛋壳制成的项链，等等。之所以选材奇特，皆因受科技发展和生产力水平的限制。早期被用作首饰的宝石材料往往是硬度低、容易加工的材料，如琥珀、绿松石、珊瑚（图 1-2）、青金石、孔雀石等。

图 1-1 克罗地亚拉皮纳地区发掘的距今 13 万年前的鹰爪首饰
图 1-2 染色红珊瑚首饰

事实上，珠宝的发展历史与人类文明、科技进步相伴而行。在这段历史中，珠宝的身影曾出现在宗教礼器、首饰、丧葬器、兵器和工具、日用器具、货币、乐器、药食用材、工业原料等领域。三百六十行，行行出状元，“各行各业”中的珠宝也都做出了显赫的“业绩”，让我们一起来细数“万能”的珠宝在不同领域的多重身份吧！

宗教礼器，是指用来标志统治阶级上层集团的权势和等级，以及用于宗教、政治礼仪活动的专用器物。比如用于标志皇权、官职、宗教仪式、国事庆典、宫廷婚聘等各种礼节的圭璧、法器、权杖、皇冠等。许多宗教礼器采用珠宝玉石材料制作。

图 1-3　各式各样的皇冠示意图
（欧洲王室皇冠主要可以分为三类：加冕皇冠、帝冠、后冠）

对于中国的宗教礼器，大家早已耳熟能详，《周礼·冬官考工记第六·筑氏/玉人》曾记载："驵琮七寸，鼻寸有半寸，天子以为权。驵琮五寸，宗后以为权。"意思是，七寸之琮，上有半寸玉鼻，用丝绳穿系，作为天子的权柄。五寸之琮，用丝绳组系，作为王后的权柄。可见，在当时，珠宝玉器是权力和权威的象征。总体来看,中国古代的宗教礼器用珠宝具有两个重要的特征：一是具有鲜明的阶级特征，二是清晰地标志着不同等级。无独有偶，西方皇室的权杖、皇冠等也具有类似的象征意义和用途。欧洲王室皇冠主要可以分为三类：加冕皇冠——加冕典礼时使用；帝冠——国王佩戴，象征至高无上的王权；后冠——皇后佩戴，仅象征身份，没有权利意义（图1-3）。有些欧洲国家将皇冠视为君主王权的象征，新君继位时由教皇为他佩戴皇冠加冕，以示身份正统、君权神授。另外，也有些国家只把皇冠作为家族徽章，如比利时没有加冕传统，君主几乎不需要佩戴皇冠。

图 1-4　镶嵌于女王皇冠上的“黑太子红宝石”示意图

说到皇冠，历史上有一个有趣的故事。1367年，英国爱德华王子（在历史上也被称为黑太子）帮助西班牙国王赢得了战役。西班牙国王赠予他一粒红色不规则形状的宝石，取名“黑太子红宝石”。此后，“黑太子红宝石”在英国王室中经历数代流转，再次出现在人们的视野中已是1415年。传说，在1415年的阿金库尔(Agincourt)战役中，一枚从远处飞来的箭，眼看着就要射中亨利五世国王，国王顺势一躲，箭不偏不倚射在国王头盔的“红宝石”上，亨利五世国王被“黑太子红宝石”救了一命。从此，宝石护身的传说就流传开来。然而，有趣的是，几百年之后随着科学的发展，矿物学家检测出这粒“黑太子红宝石”实际上并不是红宝石，而是形似红宝石的中档宝石——尖晶石。不过，即便如此，“黑太子红宝石”仍然在英国皇室受到“礼遇”，被镶嵌在女王皇冠上最显眼的位置（图1-4）。

02 首饰中的珠宝

JEWELRY >>>

首饰，顾名思义，为头部佩戴的饰品，但它的实际范围并不止于此。较早时期，首饰是指佩戴于头上的饰物。中国在旧时将首饰称“头面”（图1-5），如梳、钗、冠等。随着人们佩戴首饰的部位不断增加，现在将珠宝制成的装饰人体及其相关环境的装饰品统称为首饰。即佩戴于身体其他部位的项链（图1-6）、戒指（图1-7）、耳环（图1-8）、手镯、胸针（图1-9）等也属于首饰的范畴。

图 1-5 “头面”示意图
（包括梳、钗、冠等）

图 1-6　祖母绿项链

图 1-7　蓝宝石戒指

图 1-8　红宝石耳钉

图 1-9　欧泊胸针

那么，最初，人类是怎么想到把珠宝佩戴在身上的呢？这一切还得归功于首饰发展的重要动因——宗教功能。原始人类在劳动实践过程中，逐步对自然界中一些与他们生活密切相关的材料如植物的果实、种子，动物的羽毛、牙齿、骨骼以及石料产生了一种朦胧的看法，他们将之作为崇拜对象，认为它们具有神秘的力量，从而形成了将珠宝佩戴在身上的习惯。今天，首饰已经成为了人们生活中不可或缺的点缀。

四大文明古国传统首饰示意图

图 1-10　金缕玉衣示意图

03 丧葬器用途

FUNERAL APPLIANCES >>>

无论是在国内还是国外，以神秘的丧葬器为题材的电影总是能够引起观众强烈的好奇心。《盗墓笔记》《夺宝奇兵》《木乃伊》等小说、电影无不为丧葬器赋予了神奇的色彩。

丧葬器是指在丧礼和葬礼中使用的器具，常常由珠宝玉石制成。“丧器”和“葬器” 概念相近，但略有不同。葬器是指古人为保护尸身不腐而制作的随葬器物。古人在死者的棺椁中放置葬器的原因主要是受科学认知的限制，古人相信珠宝玉器可以使死者的灵魂得到永生，同时，也可以保持尸身不腐（图 1-10）。丧器则比葬器要简单许多，专指死者生前所佩戴和使用过的器物。

图 1-11 珠宝玉石在生活用品中的妙用示意图

图 1-12　碧玺
（图片中的碧玺重达 31.068ct，呈现鲜艳的玫红色）

04 生活用品 用途

DAILY NECESSITIES >>>

生活用品，是普通人日常使用的物品，即生活必需品。按照用途划分，生活用品可分为：洗漱用品、家居用品、厨卫用品、装饰用品、化妆用品、床上用品。珠宝首饰在日用品领域的妙用不胜枚举。让我们从晨起的一系列活动说起（图 1-11）。晨起，我们走到盥洗盆旁，拿起牙刷，挤出牙膏。矿物牙膏的成分伊利石具有抑菌、吸附有害重金属的作用。洗漱完毕，往脸上抹护肤品。您一定没有想到，护肤品中含有细腻的碧玺粉末。碧玺（图 1-12）具备热电性和压电性。研究表明，将碧玺添入化妆品，能增强皮肤对化妆品的吸收。基础护肤完毕，女士会使用粉饼。这时候，滑石粉墨登场。细致研磨的滑石粉是粉底的主要原料。它的质地极其柔滑，添入化妆品中可以使粉饼更贴合皮肤。除了化妆品，滑石粉也常常被用来作为婴儿爽身粉的主要原料。接下来是彩妆，您肯定不会错过带有珠光颜料的化妆品。这些增添光泽的化妆品可少不了云母的帮忙。在中国古代，云母就是制作白色颜料的原料之一，这一点在敦煌莫高窟彩绘上就有所体现。在俄罗斯，云母还曾被当作玻璃的代用品，用来制造窗户。一些品牌的唇膏、腮红常含有云母微粒。在化妆品中，使用频率最高的云母原料是绢云母，它常被用来代替珠光颜料添入口红、散粉或腮红中。

05 兵器和工具用途

WEAPONS & TOOLS >>>

中国现代考古学的奠基人——夏鼐先生根据妇好墓的出土玉器，把商代的玉器分为礼玉、武器和工具、装饰品三个类别。早在夏朝，晋陕高原的人民就用墨玉制作了杀伐玉兵器——牙璋、长刀等。商代、周代的玉制兵器种类更丰富（图1-13、图1-14）。用珠宝玉石制作的工具更是不胜枚举了。古代人曾用岩石制作的工具有斧、锛、铲、凿、矛头、磨盘、网坠等，随着科技的发展，后来又出现了犁、刀、锄、镰等。

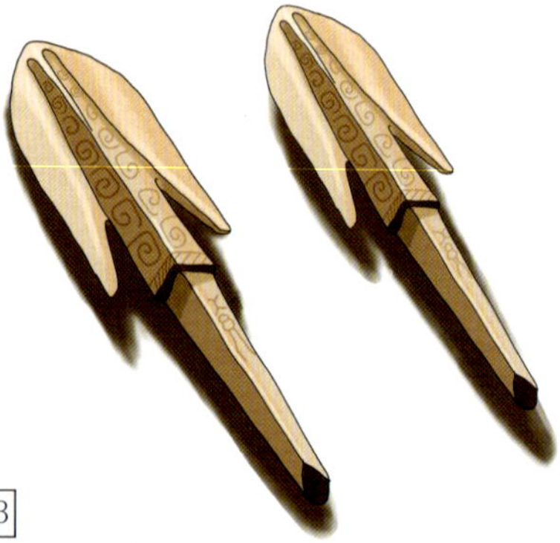

图 1-13

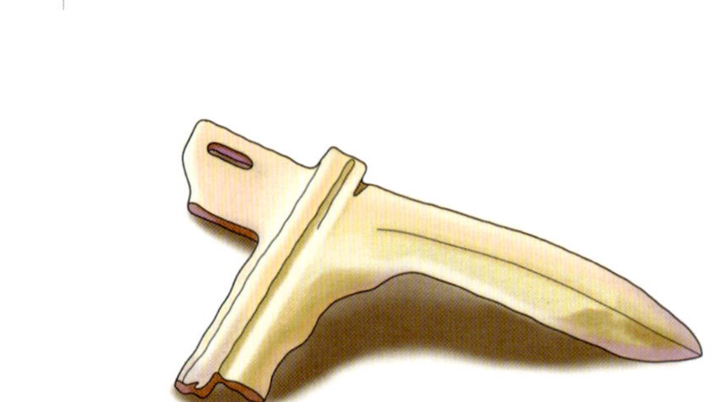

图 1-14

图 1-13　玉箭镞示意图
图 1-14　玉戈示意图

有了金刚钻 /// /// 不怕瓷器活

“

珠宝玉石一直在工具领域中扮演着重要的角色。以钻石（金刚石）（图1-15）为例，我们常说“没有金刚钻，不揽瓷器活儿”，说的就是金刚石的其中一种用途——锔瓷器的钻孔工具。作为自然界最坚硬的矿物，钻石（金刚石）一直被用来制作切割、钻孔、研磨工具。随着科技的发展，钻石用途不断拓展。在以“水与可持续发展”为主题的上海世界博览会上，德国的一家公司展示了金刚石薄膜电极净化饮用水的过程。点燃金刚石电极后，氧化过程启动，电极去除水中有害的有机物质，且没有任何化学物质残留。除此之外，人类还开发了金刚石在钻探、化工、自动化等领域的多种用途，真可谓“有了金刚钻，不怕瓷器活”。

图 1-15　圆钻型钻石（左）与钻石原石（右）

06 货币用途

CURRENCY >>>

图 1-16　古代贝币示意图

图 1-17　用玉石仿制贝壳形状制作的贝币示意图

距今3 000多年前的商代，贝壳作为货币使用，被称作“贝币”（图1-16）。贝币之所以能从众多候选材料中脱颖而出，是因为它外观造型优美、品质坚硬、形制相近、便于计数、易于携带。贝币源于夏，盛于商而衰于周。在商周时代，先民们在贸易活动中，由于自然贝币数量不足，为弥补流通之所需，曾以玉、石、骨、蚌、陶等仿制贝形（图1-17）。今天，贝币早已退出了货币的历史舞台，但在汉字中，一般与钱财有关的字，都带有“贝”字旁，如财、账等。可见，贝壳作为原始货币对于人类社会的影响之深远。

07 乐器用途

MUSICAL INSTRUMENTS >>>

人类文明从石器时代开始，古人击石舞之，产生了石制乐器，而后又将“石之美者”选来制造玉制乐器，在中国历史上，此种玉器首推玉磬，“为堂上首乐之器，其声清彻，有隆而无杀，众声所求而依之者也”。可见，音乐盛会上玉磬在众乐器中地位非凡。其他玉制乐器有玉笛（图1-18）、玉笙、玉琴、玉箫等。玉制乐器是我国宝贵的文化遗产，古代文人墨客留下了不少赞美之词，李白有“韩公吹玉笛，倜傥流英音”之句，李商隐有“怅望银河吹玉笙，楼寒院冷接平明”之咏。

无独有偶，西洋乐器中也不乏用珠宝玉石来充当制作材料的例子。例如，古典钢琴的琴键采用象牙作为饰面（图1-19）。象牙琴键表面粗糙，摩擦系数完美，不粘手指，是理想的钢琴琴键饰面材料。当然，出于对珍稀动物的保护，现代钢琴的制作已经不再采用象牙作为钢琴琴键饰面材料了。

图 1-18　玉笛示意图

图 1-19　用象牙制成的钢琴琴键饰面

由于宝石美丽、罕有，经受得起岁月的洗礼，人们往往会觉得它们是万能的。中世纪的欧洲和近代印度常把宝石当作灵丹妙药。他们把宝石粉末与茶叶混合，认为红色宝石可以止血，绿色宝石对眼睛有益，黄色宝石能治疗黄疸。您也许会觉得他们的行为匪夷所思。但有趣的是，科学证明一些珠宝除了作为装饰之外，确实有神奇的药用价值。

例如，《本草纲目》中记载的“活血化瘀、镇静安神”的琥珀（图 1-20），“镇心定惊、清肝除翳、生肌解毒”的珍珠（图 1-21）等。

直到今天，珠宝玉石仍然在药食用材中扮演重要角色。加州大学琼森综合癌症中心的研究人员，研发出一种创新型药物输送系统，利用纳米金刚石的微小颗粒来输送化疗药物，直达脑部肿瘤处。该新型治疗方法能有效地杀死癌细胞，并比现有治疗方法副作用发生概率低。立陶宛医学专家对琥珀在医疗上的积极作用做出了肯定，认为琥珀酸作为生物激活剂能够积极影响器官，刺激神经系统，对心脏和肾脏功能有良好的恢复性。

图 1-20　琥珀
（《本草纲目》中记载琥珀具有“活血化瘀、镇静安神”之功效）

图 1-21　珍珠
（《本草纲目》中记载珍珠具有“镇心定惊、清肝除翳、生肌解毒”之功效）

09 工业原料

INDUSTRIAL MATERIALS >>>

图 1-22 以孔雀石粉和蓝铜矿粉为颜料绘制的北宋名画《千里江山图》

许多珠宝玉石品种同时也是工业原料，被广泛用于冶金、化工、建材、环保等领域。例如，北宋《千里江山图》（图 1-22）的色彩历经近千年仍鲜艳如初的秘密，就是使用孔雀石（图 1-23）和蓝铜矿（图 1-24）作为颜料的材料。

图 1-23 孔雀石

图 1-24　蓝铜矿

当您读完了上述的文字，可以想象出您一脸茫然的表情。文章中提到的首饰材料分别有鹰爪、海蜗牛壳、鸵鸟蛋壳、琥珀、绿松石、珊瑚、青金石、孔雀石、红宝石、尖晶石、珍珠、伊利石、碧玺、滑石、云母、牛角、贝壳、孔雀石、蓝铜矿。它们都是宝石吗？究竟哪些材料可以被称为宝石呢？让我们一起到第二章珠宝玉石大家庭中寻找答案吧！

◎我们的生活中可以见到哪些珠宝？你能列举出宝石的至少五种用途吗?

◎请把你认为是宝石的选项圈出。

A. 玻璃　　B. 钻石　　C. 贝壳

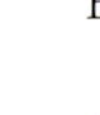

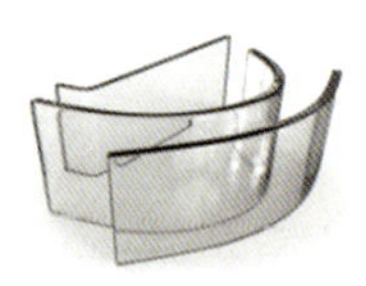

◎猜一猜爱德华王子为什么又被称为“黑太子”？

◎你知道世界上还有哪些国家保留皇室吗?

◎全球分为七个大洲：亚洲、欧洲、非洲、北美洲、南美洲、大洋洲和南极洲。请你将拥有皇室的国家填在它所在的大洲表格中，比一比哪个大洲拥有更多的皇室国家？

大 洲	拥有皇室的国家名称	数 量	排 序
亚洲			
欧洲			
非洲			
北美洲			
南美洲			
大洋洲			
南极洲			

自制“宝石”颜料活动资源包

◎材料准备：孔雀石碎块、地质锤、铝箔纸、牛奶锅、烤箱、勺子、玛瑙研钵。

1 选料

选择较为纯净的孔雀石碎块。

2 碎料

用锤子把孔雀石块敲碎，去除孔雀石中夹杂的杂质，用清水淘洗。淘洗时可以放在牛奶锅里，加水加热，用勺子把浮在面上的杂质撇去。

原料干燥

将孔雀石碎末平铺在铝箔纸上，放烤箱低温烘干。

研磨原料

用玛瑙研钵仔细研磨孔雀石粉末至面粉粒度。

制作颜料

把研磨好的孔雀石粉末放在盆内，加水搅匀，澄一会儿后，把浮在上面的泡泡移到用于收集的器皿中，这是非常稀少的“绿花”。如此反复多次，收集到的粉末就是传统国画颜料“石绿”。

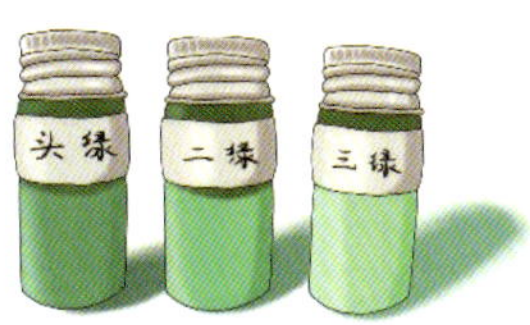

蓝铜矿、雄黄、雌黄也可用同样的方法制作颜料。请大家自己制作颜料吧！

02

第二章

CHAPTER TWO

珠宝玉石大家庭

如果说，岩石是造物主塑造的雕像，矿物晶体就是他精雕细刻的“工件”，而珠宝玉石则“青出于蓝而胜于蓝”，揽岩石、矿物之“良将”，纳有机领域之“优才”，形成独具一格的流派，将自然之美彰显得淋漓尽致。珠宝玉石的珍贵不仅在于它的美丽，还在于它的稀有和耐久。请读者随我一起探秘珠宝玉石大家庭，弄清岩石、矿物、宝石之间扑朔迷离的关系，找寻珠宝玉石在自然界中的“家族血脉”。

02

第二章

CHAPTER TWO

珠宝玉石大家庭

细心的你一定发现了，这一章的题目用“珠宝玉石”替代了上一章的“宝石”。“宝石”=“珠宝玉石”吗？请读者在这个章节中寻找答案。

想要给世间美丽的石头下一个统一标准的定义，并不是一件容易的事情。从颜色上来看，它们精彩纷呈，几乎涵盖了人类的眼睛可以分辨的所有色系；从光泽上来看，它们熠熠生辉，可呈现金刚光泽（图 2-1）、玻璃光泽（图 2-2）、油脂光泽（图 2-3）、蜡状光泽、珍珠光泽、丝绢光泽、树脂光泽……从透明度上来看，它们有些晶莹剔透，有些却窥不见底（图 2-4）；从“块头”上来看，它们有些“强壮魁梧”，有些“瘦小羸（léi）弱”。红宝石、蓝宝石是世人公认的宝石，珍珠呈现柔和优雅之美，玉石润泽坚韧，与中华文明相伴相随。似乎难有一定之规将它们从众多的“石头”中区分出来。

图 2-1　钻石呈现金刚光泽

图 2-2　水晶呈现玻璃光泽

图 2-3　和田玉呈现油脂光泽

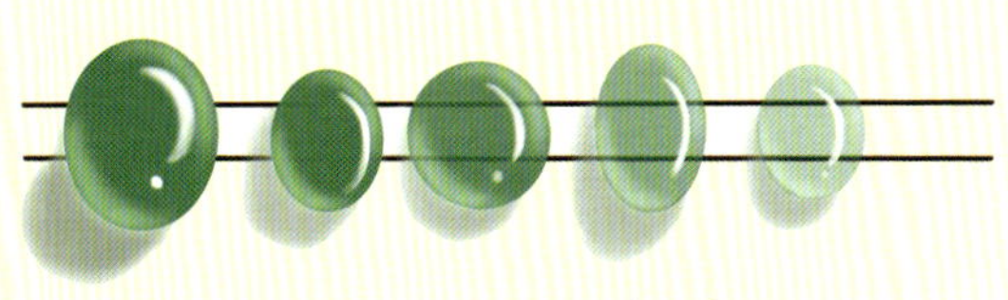

图 2-4　宝玉石的透明度示意图

图 2-5　古罗马博物学家老普林尼

事实上，关于“珠宝玉石”的定义，人们讨论了几千年。把珠宝玉石归属为诸如岩石学、矿物学、生物学的单一学科，都不能完整地诠释它丰富的内涵。公元 23 年，古罗马诞生了一位伟大的博物学家——老普林尼（Gaius Plinius Secundus）（图 2-5），他用百科全书一般渊博的学识以及毕生的刻苦钻研，为后人留下了宝贵的长达三十七卷的科学巨著《博物志》（*Naturalis Historia*）。《博物志》比早期的两部百科全书——瓦罗（Varro，公元前 116 年—公元 27 年）的九卷本 *Disciplinae* 和塞尔苏斯（Celsus，公元前 25 年—公元 45 年）的 *Artes* 更为庞大和出色，它几乎囊括了自然界各个方面的内容。老普林尼的外甥小普林尼（Gaius Plinius Caecilius）对于《博物志》的评价十分贴切，他说：“《博物志》是一部全面而渊博的著作，其丰富程度不亚于自然本身。”

《博物志》

《博物志》是对自然世界的研究。自然科学的各个学科看似独立，实则紧密关联，相互依存。老普林尼的《博物志》尊重自然科学的系统性，跳出了传统百科全书按照学科分类编辑成卷的陈规，取而代之地采用他心目中的世界结构来设计整部书的叙述框架，从宇宙到地球，再从地球到其产物——动物、植物和矿物。

全书各卷的内容编排如下。卷1：给提图斯皇帝的献词、一篇总序、内容目录和一份全书所引用过作者的名单；卷2：讨论天和地，包括宇宙论、天文学以及气象学；卷3～6：关于地理学，涵盖欧洲、北非、西亚以及远南和远东地区；卷7：讨论人，包括人种志、生理学、人物传记等多个方面内容；卷8～11：关于动物，主要包括陆地动物、海洋动物、鸟类、昆虫等主题；卷12～19：关于植物学，涉及许多本地的或异域的、野生的或种植的植物；卷20～27：主要关于药用植物；卷28～32：主要关于药用动物，其中第30卷讲述巫术，第31卷讲述有关水的主题；卷33～37：关于岩石、土壤、金属和宝石等。

图 2-6 卡尔·冯·林奈

当然，由于受到当时科学认识的限制，《博物志》中夹杂许多经不起考证的预言、传说，等待后人用更完善的科学知识去弥补它的缺憾。1 000 多年之后，博物学等到了这个传承衣钵的人，他就是被誉为“为自然界带来秩序的人”——卡尔·冯·林奈（Carl von Linné）（图 2-6）。

图 2-7 收藏于威尔士国家博物馆的海洋生物手绘图集（创作于 19 世纪中期）

图 2-8 收藏于威尔士国家博物馆的博物手绘（创作于 19 世纪中期）

卡尔·冯·林奈出生于瑞典，1735 年出版了对分类学有重要意义的著作《自然系统》（*Systema Naturae*），规范了人们对自然界各个物种的认识。也正是在卡尔·冯·林奈的著作中，自然界被分为动物、植物、矿物三类，用作宝石材料的珊瑚首次被界定为兼有动物和植物特征的“植虫”（Zoophyte）。虽然这个认识并不完全正确，但至此宝石的范围终于拓展到了生物界。中国传统文化中一直有“天时地利人和”的说法。《荀子·王霸篇》说：“农夫朴力而寡能，则上不失天时，下不失地利，中得人和而百事不废。”在自然科学的发展进步这件事情上，“天时地利人和”的观点也有其现实的依据。卡尔·冯·林奈出生于有“北欧花园”之称的瑞典

图 2-9 罗伯特·胡克

图 2-10 布封伯爵

图 2-11 乔治·居维叶

图 2-12 威廉·史密斯

图 2-13 亚历山大·冯·洪堡

斯莫兰地区，从小的耳濡目染让他在潜移默化中对自然界的种种产生了浓厚的兴趣。同时，卡尔·冯·林奈所处的时代正值欧洲的“大航海世纪”的成果应用于各行各业的重要时期，众多地理、地质、生物学科的发现在这一时期开花结果，博物手绘日渐风行（图 2-7、图 2-8），博物学家集中涌现。例如，通过显微镜研究博物学的罗伯特·胡克（Robert Hooke, 1675—1703 年）（图 2-9）、研究软体动物的布封伯爵（Georges Louis Leclere de Buffen, 1707—1788 年）（图 2-10）、博物学画家威廉·巴特拉姆（William Batelamu, 1739—1823 年）、研究生物灭绝与动物界的乔治·居维叶（Georges Cuvier, 1769—1832 年）（图 2-11）、英国地质学之父威廉·史密斯（William Smith, 1769—1839 年）（图 2-12）、研究自然的统一性的亚历山大·冯·洪堡（Alexander von Humboldt, 1769—1859 年）（图 2-13）。

图 2-14 章鸿钊

中国学术界对宝石学的认识相对晚于西方。近代对于宝石学最有贡献的大家当属章鸿钊（图 2-14）。他从近代地质科学角度研究了中国古籍中有关古生物、矿物、岩石和地质矿产等方面的知识，撰写了《三灵解》《石雅》《古矿录》等著作，开创了我国地质科学史研究之先河。他耗费六七年时间完成 20 万字的巨著《石雅》，并于 1921 年出版，是研究中国矿物学、宝石学的开山之作。该书史料丰富，论述精详。英国剑桥大学李约瑟（Joseph Needham）所著《中国科学技术史》（*Science and Civilization in China*）曾把《石雅》列为主要参考文献，并在多处引用。

同一时期，世界各国相继成立了宝石协会，宝石学在学术界拥有了一席之地，“宝石”的称呼也被规范为“珠宝玉石”。珠宝玉石的定义为自然界产出的，具有色彩瑰丽、晶莹剔透、坚硬耐久、珍贵稀有的性质，可琢磨、雕刻成首饰或工艺品的矿物、岩石和有机材料。许多人容易误认为宝石学是矿物学的分支。事实上，宝石学起源于矿物学，却不完全从属于该学科范畴。珠宝玉石的大家庭按照材质可以分为三大“族群”（图 2-15），分别为以珍珠为代表的有机宝石（珠）、以钻石等为代表的矿物（宝）和以翡翠等为代表的岩石（玉石）。

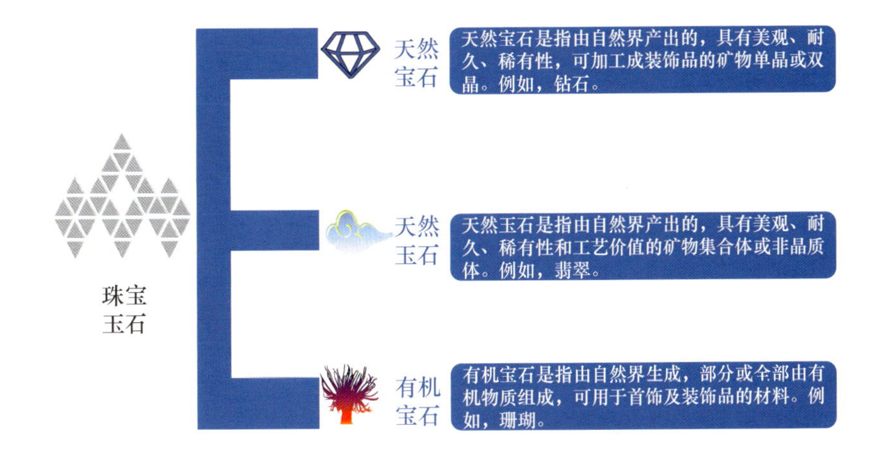

图 2-15 珠宝玉石的分类

其中，天然宝石是指自然界产出的，具有美观、耐久、稀有性，可加工成装饰品的矿物单晶体或双晶。例如钻石、海蓝宝石等。天然宝石按照价值和稀缺程度又可划分为高档宝石、中低档宝石、稀有宝石。高档宝石是指传统的、历来被人们所珍视的、价值较高的宝石。目前，国际珠宝界公认的高档宝石品种有钻石、祖母绿、红宝石、蓝宝石、金绿宝石（变石、猫眼）。中低档宝石指具有天然宝石的特征，但价值较低的宝石，例如碧玺、尖晶石等。稀有宝石是指产量极低的宝石品种，它们的产量不足以供应市场流通需求。这些宝石通常出现在宝石实验室、陈列室或收藏家手中。

天然玉石是指自然界产出的，具有美观、耐久、稀有性和工艺价值的矿物集合体，少数为非晶质体。例如翡翠、软玉、寿山石等。

天然有机宝石是指由自然界生物生成，部分或全部由有机物质组成，可用于首饰及装饰品的材料。 简而言之，就是与生命有关的宝石材料，例如珍珠、象牙、煤精等。

正如第一章中所提到的，人类对珠宝玉石的使用可以追溯到十多万年以前。在中国，珠宝玉石文化更是伴随了完整的中华文明发展历程，但宝石学的发展历程却远远短于它的应用历史。“Gemology”一词最早出现在 1811 年，而宝石学作为一门独立的学科进行研究却是在大约 100 年之后。1908 年，英国首先创立了宝石协会，从事宝石理论和实践研究,并在 1913 年组织了世界上第一次宝石学专业考试。美国宝石学研究与教育始于 1909 年，一些矿物学教授在美国的科罗拉多州矿业学校讲授宝石学课程。1916 年，美国的密西根大学推出了宝石学教材——《宝石与宝石材料》。之后，其他大学也陆续开设宝石学课程。1931 年美国成立了世界上第一所专门研究宝石的机构——美国宝石学院。1934 年德国以及 1965 年日本、澳大利亚等国也成立了各自的宝石协会,并成立了相应的宝石培训中心，组织学术交流和专业培训。

1912 年 X 射线首先揭示出晶体

中的原子或离子排列规律,矿物学、化学和宝石学进入了一个采用先进技术的崭新时期。

与此同时,随着科技的发展,在实验室中合成宝石已成为可能。1955 年, 美国通用电气公司成功地合成了世界上第一颗人造钻石; 1985 年 , 该公司又第一次成功地合成了翡翠。1978 年, 泰国成立了“泰国亚洲宝石学院”; 1979 年, 泰国人掌握了红宝石、蓝宝石的热处理技术以及商业评价技术。这些合成宝石所具有的特性与天然宝石几乎完全相同。合成宝石的出现 , 加速了鉴别和区分天然宝石与合成宝石的发展进程 , 精确的宝石鉴定检测技术得到了飞速发展。在 20 世纪末 , 宝石学进入了发展过程中的一个重大转折时期。世界经济的发展对宝石资源产生了史无前例的需求, 宝石产区矿源的逐渐枯竭和种种政治纠葛又造成了宝石材料供应上的短缺, 导致宝石价格大幅上升。寻找新的宝石资源已迫在眉睫。与此同时, 宝石实验室硕果累累,先进的科学技术不仅制造出优质的合成宝石, 还创造出新型的人造宝石。此外, 针对天然宝石品质改善的改色、稳定化处理等优化技术, 也不断发展完善。科学技术日新月异, 让宝石学大放异彩。

◎植物界、动物界的成员有可能跻身珠宝玉石的行列吗？如果有，请举例。

◎请将附录 2 中的彩色宝石与附录 1 色盘上的颜色一一匹配，制作自己的宝石色卡。

◎请根据附录 3 中八位科学家的简介制作一块展板。
提示：可借助时间轴、研究领域图标代替文字来展示科学家的信息。

此页可裁剪

附录 1

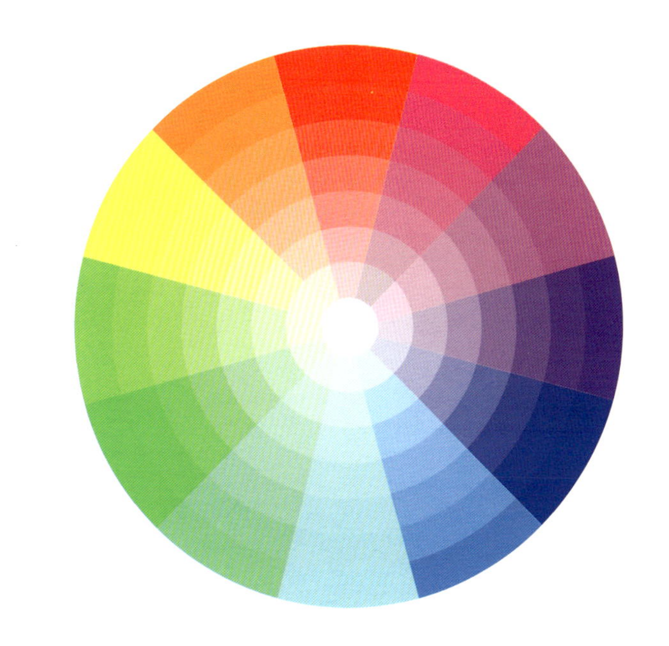

附录 2

此页可裁剪

此页可裁剪

老普林尼

老普林尼，全名盖乌斯·普林尼·塞孔都斯，出生于意大利北部的新科莫姆城（今科莫）的一个中等奴隶主家庭。他生于公元23年，卒于公元79年，称他为“老普林尼”是为了与其养子小普林尼相区别。老普林尼是古代罗马的百科全书式的作家，其所著《博物志》一书在当时是自然科学方面的最权威的著作。书中新创了许多术语和名词，丰富了拉丁文的词汇，对后来拉丁文成为欧洲学术界通用的语言起到了推动作用。

公元79年8月24日，意大利维苏威火山大爆发。老普林尼乘船赶往火山活动地区，了解灾情，解救灾民，因吸入火山喷出的含硫气体而不幸中毒死亡。老普林尼终生未娶，按照他的遗嘱，他把自己的外甥收为养子。老普林尼死后，《博物志》一书由其养子小普林尼出版。

卡尔·冯·林奈

卡尔·冯·林奈，1707年5月23日出生于瑞典斯莫兰，日耳曼族，生物学家、动植物双名命名法（binomial nomenclature）的创立者。自幼喜爱花卉，曾游历欧洲各国，拜访著名的植物学家，搜集大量植物标本。归国后任乌普萨拉大学教授。

1735年林奈发表了他最重要的著作《自然系统》（*Systema Naturae*），1737年出版《植物属志》，1753年出版《植物种志》，建立了动植物命名的双名法，对动植物分类研究的进展有很大的影响。林奈是近代生物学，特别是植物分类学的奠基人。他提出的界、门、纲、目、属、种的物种分类法，至今仍被人们采用。

罗伯特·胡克

罗伯特·胡克，1635年7月18日生于英国怀特岛的弗雷斯沃特村，英国科学家、博物学家、发明家。在物理学研究方面，胡克提出了描述材料弹性的基本定律——胡克定律。在机械制造方面，他设计制造了真空泵、显微镜和望远镜，并将自己用显微镜观察所得写成《显微术》一书，“细胞”一词即由他命名。在新技术发明方面，他发明的很多设备至今仍然在使用。除了科学技术，胡克还在城市设计和建筑方面有着重要的贡献。他因兴趣广泛，贡献卓越，被誉为“伦敦的莱奥纳多（达芬奇）”。

布封伯爵

布封的原名为乔治·路易·勒克莱克，1707年9月7日出生于法国东部地区勃艮第省蒙巴尔城，著名的博物学家。布封一生敏而好学，他最著名的著作是《自然史》，该书包括《地球形成史》《动物史》《人类史》《鸟类史》《爬虫类史》等。这是一部说明地球与生物起源的通俗性作品，描绘了宇宙、太阳系、地球的演化。

为了表彰他对学术的贡献，法国国王路易十五将蒙巴尔城的全部产业都赏赐给布封，作为伯爵封地，所以人们又把他称为德·布封伯爵，简称布封伯爵。

乔治·居维叶

乔治·居维叶，1769年8月23日出生于法国东部的蒙贝利亚尔（当时还属于德国的蒙特利阿德），著名的古生物学者。他提出了“灾变论”，是解剖学和古生物学的创始人。

乔治·居维叶自幼被认为是神童，14岁时便进入斯图加特大学学习。由于他奇迹般的记忆力，加上极其严格的科学训练和执着的学习热情，18岁就学有所成，出任诺曼底大学的助教。乔治·居维叶对许多现存动物与化石进行比较，建立了灭绝的概念，并提出“灾变论”，解释地貌形成原因。乔治·居维叶生前的影响遍及西方世界，被当时的人们誉为第二个“亚里士多德”。

威廉·史密斯

威廉·史密斯（1769—1839年），1769年3月23日出生于英国，著名的地质学家，生物地层学的奠基人，被誉为“地层学之父”。史密斯是世界上第一个根据沉积岩层中的生物化石来确定地层顺序的人。他的学术成就具有划时代的意义。他在1815年编绘了最早的英格兰和威尔士现代地质图，很多由他命名的地层名称一直沿用至今。

亚历山大·冯·洪堡

亚历山大·冯·洪堡，1769年9月14日出生于德国，是世界第一个大学地理系——柏林大学地理系的首任系主任。他涉猎广泛，在天文、地理、生物、矿物等领域均有建树，因此被称为气象学、地貌学、火山学和植物地理学的创始人之一。洪堡的科学成就和著作推动了近代自然科学的发展，在世界上产生了很大影响。为纪念洪堡，德国设立了洪堡基金会，资助世界各国的自然科学研究。世界上有300多种植物、100多种动物和许多地方以他的名字命名。

章鸿钊

章鸿钊，1877出生于中国浙江吴兴县（今浙江省湖州市），地质学家、地质教育家、地质科学史专家，中国科学史事业的开拓者。章鸿钊创办了农商部地质研究所（地质讲习班），为我国培育了第一批地质学家，这其中的许多人成为了我国早期地质工作的主力军。他从近代地质科学角度研究了中国古籍中有关古生物、矿物、岩石和地质矿产等方面的知识，撰写《三灵解》《石雅》《古矿录》等著作，开我国地质科学史研究之先河，在学术界具有广泛影响。他参与筹建中国地质学会，并任首届会长，是我国地质界的一代宗师。

此页可裁剪

时间轴

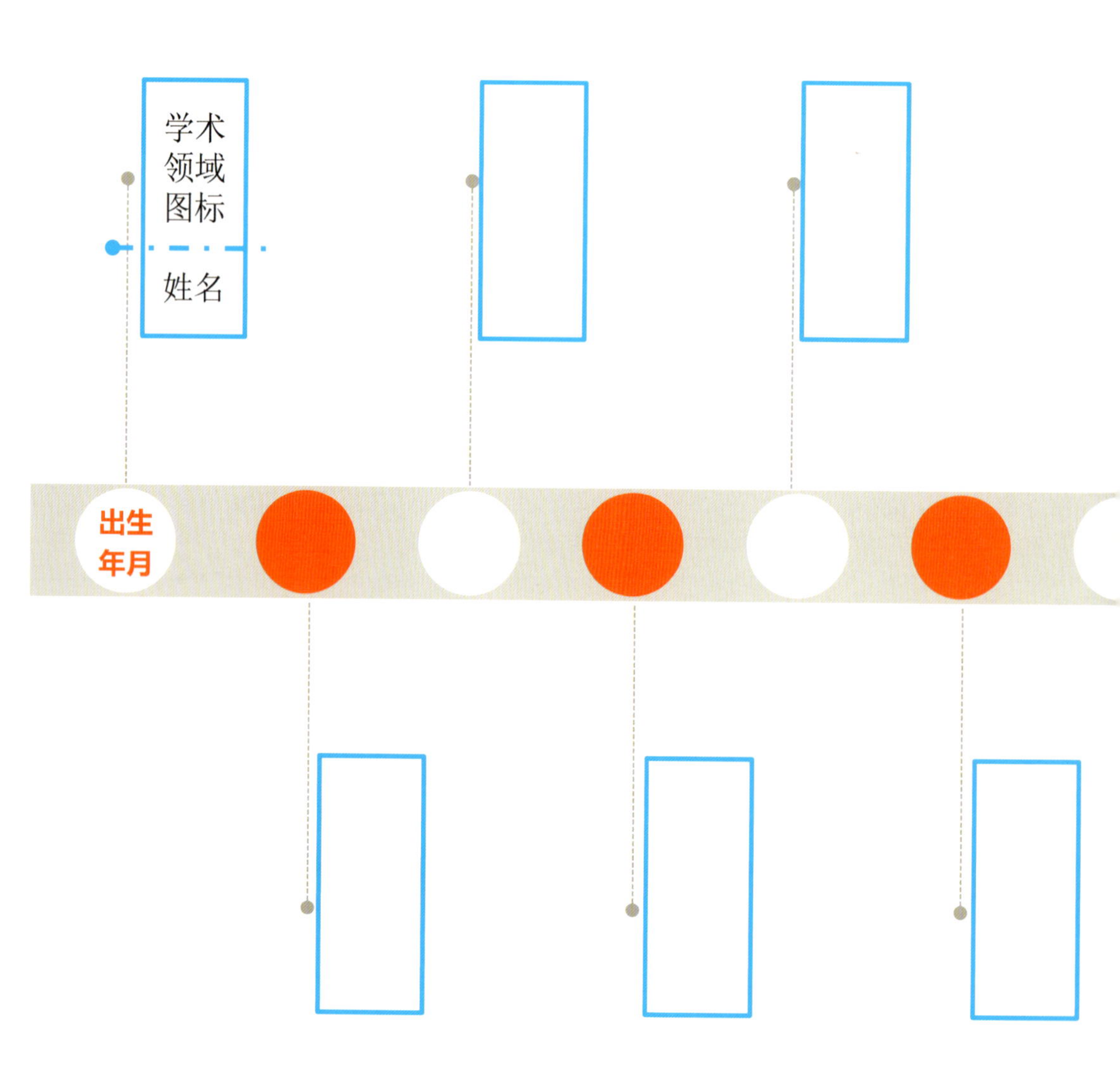

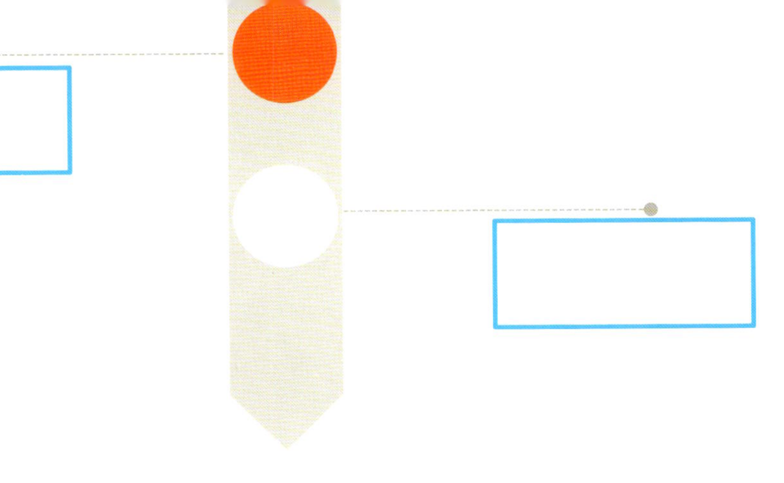

此页可裁剪

此页可裁剪

此页可裁剪

03

第三章

CHAPTER THREE>>>

珠宝玉石中的陆-海-空大军

掰开手指细数，人类与珠宝玉石的交情可以追溯到史前。经历了漫长的岁月洗礼，珠宝玉石在人类的生活中早已不可或缺。但是当您被问道：“珠宝玉石是从哪里来的？”一定还会有很多人抓耳挠腮。大多数人会说，珠宝玉石是从地下来的，究竟事实是怎样的？这还得从珠宝玉石界的一场惊心动魄的大逃亡说起。

03

第三章

CHAPTER THREE

珠宝玉石中的陆-海-空大军

话说在地球的深部住着岩浆部落，成员有规模庞大的硅酸盐家族、用途广泛的金属氧化物家族、身价不菲的贵金属家族、魔术师放射性元素家族，等等。部落成员被锁闭在地球深部，又热又挤，要是能有个开阔的住处就好了。突然地板一震，撞出个裂缝，岩浆家族趁机喷涌而出，来了个胜利大逃亡（图 3-1）。跑得快的家伙，迅速地冲出地表，凉快完了，凝结成岩石，安下家来。一些慢性子的家伙，半途而废，留在地下，缓慢降温，为一些成分提供了结晶的良好条件，形成了包裹着晶体的岩石，这些晶体就是我们所说的矿物，而由岩浆形成的岩石就是我们所说的岩浆岩。然而，沧海桑田，风云变幻，岩石也被刻画上岁月的沧桑，随着水流开始了漂泊的人生，最终尘埃落定，沉淀下来，与化石为伴，记录时光的流逝，得名沉积岩。故事到此并未完结。大自然宛如技艺高超的大厨，运用压力、温度等不同的烹调方式将岩石煎、炒、烹、炸、挤压（图 3-2），改变了岩石原本的矿物成分，推出了新的矿物组成，形成了变质岩。

图 3-1　珠宝玉石界惊心动魄的“大逃亡”

图 3-2　大自然宛如技艺高超的大厨，运用压力、
温度等不同的烹调方式把岩石煎、炒、烹、炸、挤压，做成了一顿营养丰富的岩石“大餐”

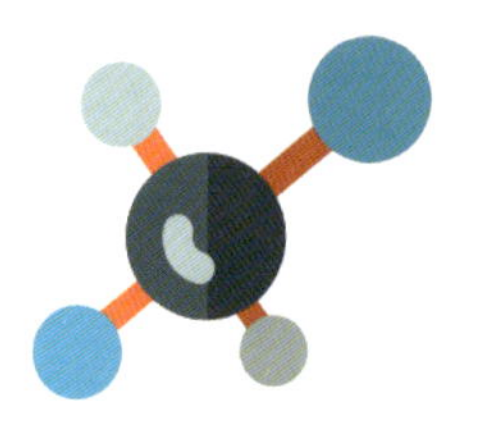

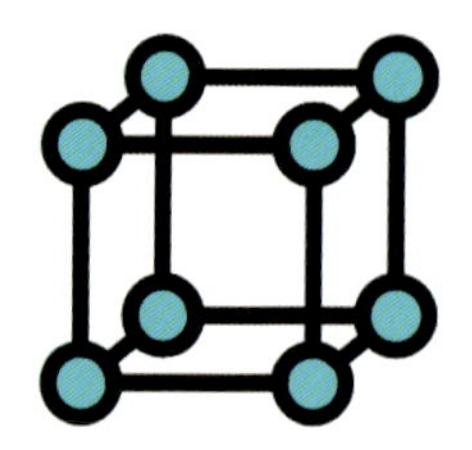

在这些过程中，岩石的孩子——矿物，有些住在宽敞的房间中，营养充足，培养充分，形成了饱满完整的矿物晶体；有些则受条件所迫，形成了斑晶、隐晶甚至是非晶质。然而，长得好看的并非都是贵族，只有美丽、刚直不阿（耐久）、寥若星辰（稀有）的矿物，才可以被称之为宝石。当然，石头中也一样有"实干家"，一些可用于提取煤、黄金等有用物质的石头被称为矿石，它们关乎人类的衣食住行。

图 3-3　随州陨石

图 3-4　铁陨石

珠宝玉石 /// /// 从哪里来?

江河湖海中的珠宝玉石则温柔优雅得多。珍珠、珊瑚、贝壳、龟甲等在水体中自然生长。软玉、琥珀等露出地表，滚落湖、海，被磨去棱角，化身温润圆滑的宝贝。

看到地球的热闹，外太空表示不淡定了，它们随流星雨俯冲至地表，以陨石（图 3-3、图 3-4）的身份加入珠宝玉石大家庭。所以，如果要问珠宝玉石从哪里来，我们的回答必然是：它们从陆地上来（图 3-5），它们从江河湖海中来（图 3-6），它们从外太空来（图 3-7）……

图 3-5

图 3-6

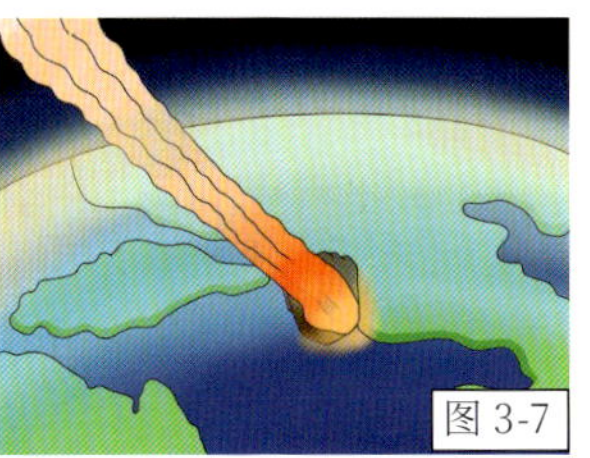
图 3-7

图 3-5 发生于地壳深部的火山喷发
图 3-6 五彩斑斓的海底世界
图 3-7 神奇的天外来客

◎来自外太空的玻璃陨石是珠宝玉石大家庭中的一员吗？请说说你的理由。

◎请根据本章内容总结一下, 跻身珠宝玉石大家庭所要具备的基本条件。

宝石从火山喷出的小实验

◎材料准备: 玻璃缸、红墨水或食用色素带盖的小瓶、轻质小石子

◎实验步骤:

1 第一步

在玻璃缸里装上约四分之三的冷水。

2 第二步

在带盖的小瓶中装上热水。

3 第三步

把小石子放在带盖的小瓶中，并加几滴红墨水或食用色素。

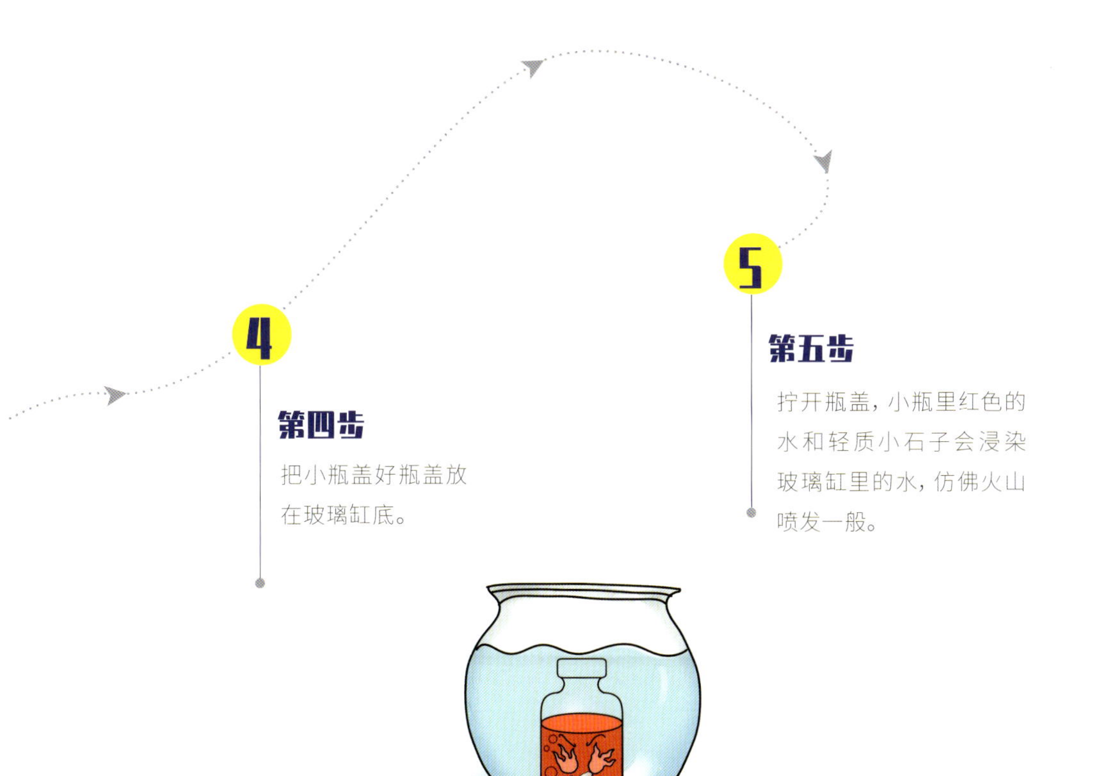

第四步

把小瓶盖好瓶盖放在玻璃缸底。

第五步

拧开瓶盖，小瓶里红色的水和轻质小石子会浸染玻璃缸里的水，仿佛火山喷发一般。

扫码看火山喷出小实验视频

想一想：小瓶的水为什么会像火山一样喷出来？

有创意：试一试，把玻璃缸的水换成热水，在小瓶里放冷水，会有什么情况发生？

（特别提示：此实验可能有危险，需要成人指导完成。）

请充分发挥你的想象力，为本章配图中的海、陆、空涂色吧！

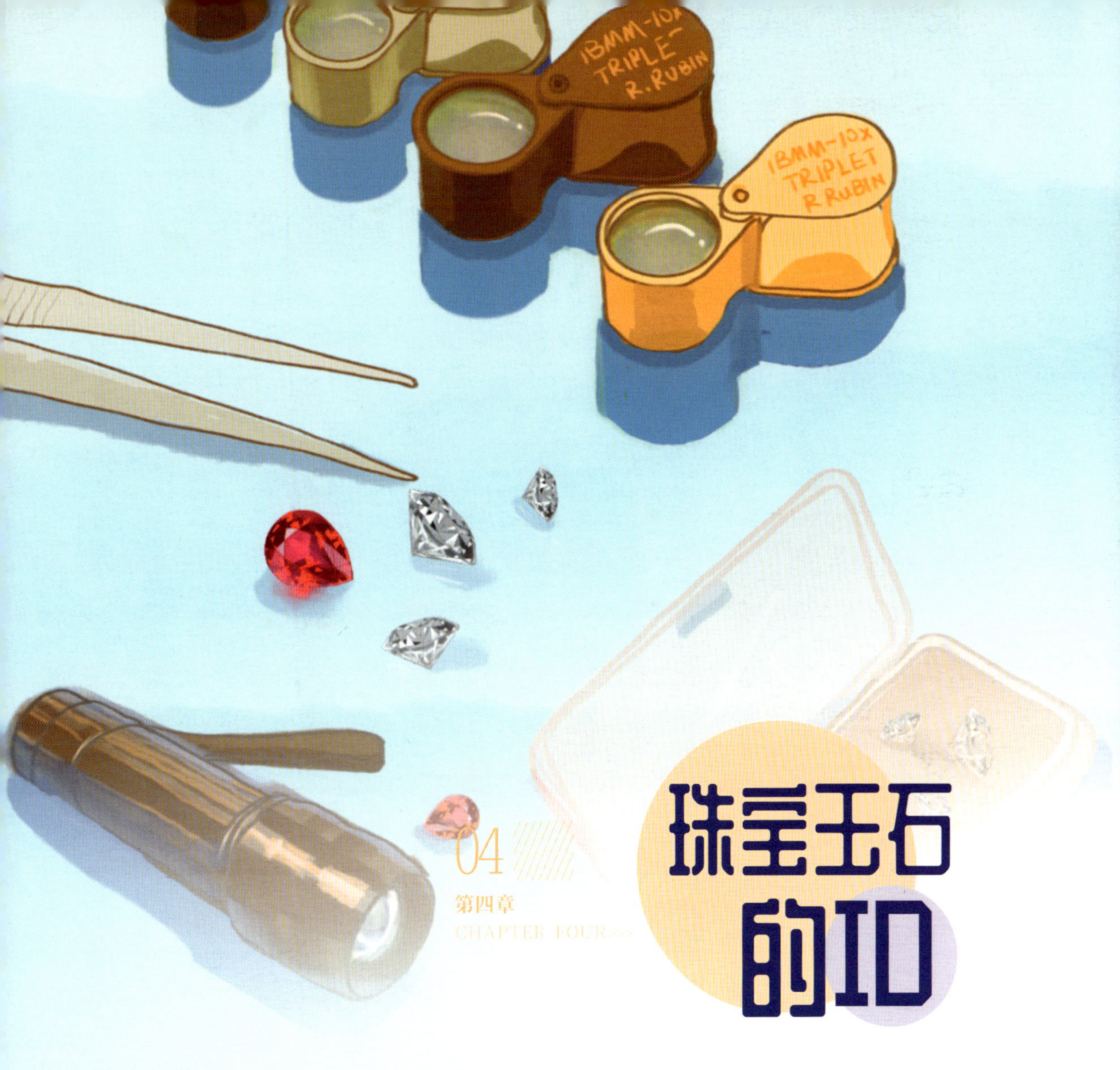

04

第四章

CHAPTER FOUR

珠宝玉石的ID

如果有一堆红颜色的宝石摆在面前，要从中挑选价值最高的一粒，该如何选择？这可不是灵机一动拍脑袋就能得到答案的。首先得了解珠宝玉石的“身份指标”(ID)，这就好比是宝石的品种、身高、体重、胖瘦、强弱、形貌特征等。通过对比这些“身份指标”，宝石的高低贵贱便一目了然了。本章将重点介绍与宝石的特殊光学效应有关的“身份指标”。

图 4-1　如何从一堆红宝石中挑出价值最高的那一粒？

首先我们要了解珠宝玉石的“体重”。珠宝玉石非常珍贵，所以它们的“体重”显然不能用“公斤”“克”来衡量（图 4-1），它们专属的质量单位是“克拉”（Carat）。克拉，英文 carat，通常缩写成 ct，从 1907 年正式用作宝石的计量单位。

“克拉”一词，源自希腊语中的克拉——keration，指长角豆树（或稻子豆 carobseed）（图 4-2）。其单粒果实的重量几乎一致，大约为 200mg，因而被用作珠宝和贵金属的质量单位。“克拉”与“克”的对应关系如下所示：

1 克拉(ct)= 200 毫克(mg)= 0.2 克(g)

图 4-2　长豆角树和它的种子

1ct 又可分为 100 份，每份为 1 分，以用作计算较为细小的宝石。当然，还有一些更为特殊的质量单位，例如格令。它用来计量珍珠的质量。珍珠很轻，1 格令仅相当于 1/4ct。

在我们的现实生活中，1 粒花生米或是 2 粒黄豆的质量大约是 1g。一张人民币百元钞票的质量是 1.15g。也就是说以上这些物品的质量相当于 5 ~ 6ct 宝石或 20 多格令珍珠的质量（图 4-3）。

图 4-3　一粒花生米或是两粒黄豆的质量大约是 1g

珠宝玉石的光泽表征了宝石材料对可见光的反射能力，它们独特并且变幻万千。宝石光泽的强弱与许多因素有关，例如宝石表面的抛光程度、集合体宝石矿物的组成矿物、结构、紧密程度等，但归根结底，影响宝石光泽强弱的决定性因素是宝石本身的反射率。

珠宝玉石中可能出现的光泽有金刚光泽、玻璃光泽。一些珠宝玉石还会出现一些特殊的光泽，如油脂光泽、树脂光泽、蜡状光泽、土状光泽、丝绢光泽、珍珠光泽等。

图 4-4　钻石的金刚光泽

图 4-5　祖母绿的玻璃光泽

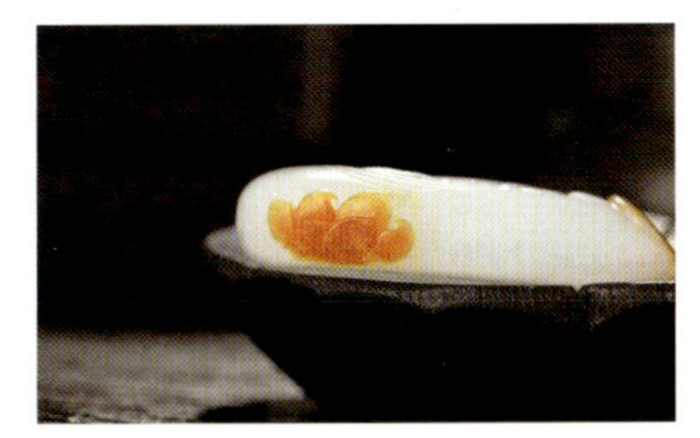
图 4-6　和田玉的油脂光泽

图 4-7　琥珀的树脂光泽

图 4-8　寿山石的蜡状光泽

01.　金刚光泽

具有金刚光泽的宝石矿物，表面具有金刚石般的光亮。它的代表矿物是钻石（图4-4）。

02.　玻璃光泽

具有玻璃光泽的宝石矿物，表面的光泽如玻璃般明亮。但这种明亮的程度与金刚光泽相比要柔弱许多。宝石矿物中的大部分品种都是玻璃光泽，如祖母绿（图4-5）、水晶、黄玉等。

03.　油脂光泽

在某些透明矿物上，由于反射表面不平滑，使照射在表面的光发生散射而呈现出如同油脂/脂肪般的光泽。我们比较熟悉的具有油脂光泽的珠宝玉石就是和田玉中的顶级品种——羊脂白玉（图4-6），它因具有像羊脂一般温润细腻的光泽而得名。

04.　树脂光泽

宝石的表面或断面，断面上可以见到一种类似于松香等树脂所呈现的光泽，如琥珀的光泽（图4-7）就是典型的树脂光泽。

05.　蜡状光泽

蜡状光泽是指在一些透明—半透明的玉石矿物上所显示的比油脂光泽暗淡一些的光泽，例如岫玉、寿山石（图4-8）的光泽。

06. 土状光泽

土状光泽是指一些多孔隙的宝石矿物对于光的漫反射或散射而呈现的一种暗淡的土一般的光泽，如劣质绿松石（图4-9）的光泽。

图 4-9　绿松石的土状光泽

07. 丝绢光泽

一些透明的本来具有玻璃光泽或金刚光泽的宝石矿物，当它们呈纤维状集合体的形式出现时所呈现的如丝织品一般的光泽，称为丝绢光泽。如孔雀石（图4-10）、虎睛石所呈现的光泽。

图 4-10　孔雀石的丝绢光泽

08. 珍珠光泽

珍珠光泽是指珍珠表面所呈现的柔和的光泽（图4-11）。这种光泽为珍珠所独有，目前仍无法通过人工方法获得。

图 4-11　珍珠的珍珠光泽

03 珠宝玉石的透明度

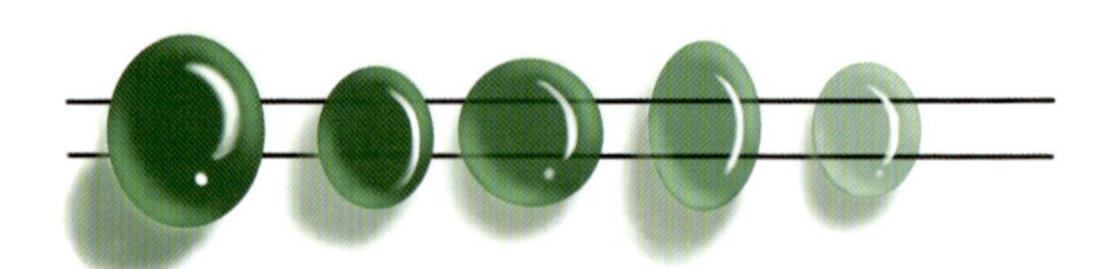

珠宝玉石的透明度是指珠宝玉石允许光通过的程度，大致可以分为透明—亚透明—半透明—微透明—不透明五个级别。不同透明度级别的界定如下：

01. 透明

说明珠宝玉石能够允许大部分光透过，当隔着宝石观察其后面的物体时，可以看到清晰的轮廓和细节（图4-12）。

图 4-12　黄水晶戒面（透明）

02. 亚透明

能容许较多的光透过，当隔着宝石观察其后面的物体时，虽可以看到物体的轮廓，但无法看清其细节（图4-13）。

图 4-13　红宝石戒指（亚透明）

03. 半透明

能容许部分光透过，当隔着宝石观察其后面的物体时，仅能见到物体轮廓的阴影（图4-14）。

图 4-14　海蓝宝石猫眼（半透明）

04. 微透明

仅在宝石边缘棱角处可有少量光透过，隔着宝石已无法见到其背后的物体（图4-15）。

图 4-15　和田玉（微透明）

05. 不透明

基本上不容许光透过，光线被珠宝玉石完全吸收或反射（图4-16）。

图 4-16　鸡血石（不透明）

珠宝玉石的透明度受很多因素的影响，如珠宝玉石的厚度、杂质、裂隙等。

◎每种宝石矿物只具有一种特定的光泽吗?

◎准备矿物的光泽标本盒, 请你根据本章知识判断矿物标本的光泽。

◎从杂志、报纸、聚光手电筒、裁纸刀中，选择你所需要的物品，设计一个实验，测量对比珠宝玉石的透明度。

扫码看透明度小实验视频

05

第五章

宝石界的模仿秀

——猫眼效应

自然界中总是充满了创意十足的模仿秀，例如形似树枝的昆虫——尺蠖、会“开花”的石头——菊花石，当然，还有可以以假乱真的猫眼宝石。在这一章里，让我们聊一聊猫眼宝石的趣事，盘点自然界中形形色色的猫眼宝石，并揭开它们的神秘面纱，探索猫眼宝石的形成原理。

CHAPTER FIVE

宝石界的模仿秀

——猫眼效应

图 5-1 猫头鹰环蝶

图 5-2 尺蠖

图 5-3 南美毛毛虫

图 5-4 撒旦叶尾壁虎

01 猫的眼睛和猫眼宝石

CAT'S EYE >>>

自然界的万物千姿百态，人们总是可以惊奇地发现不同物种之间“跨界撞脸”，例如与猫头鹰羽毛花纹神似的猫头鹰环蝶（图 5-1）、静止的时候与枯树枝毫无二致的尺蠖（图 5-2）、长着一张绅士脸的大盾椿、身上挂满“蜜汁果冻”的南美毛毛虫（图 5-3）、藏身于枯叶中静待猎物的撒旦叶尾壁虎（图 5-4），以及酷似猫眼睛的猫眼宝石。

猫的视锥细胞只有绿色和蓝色两种，它的眼球中有个“反光镜”，有层薄膜在视网膜的后面反射光线，使得猫的眼睛看起来明亮又闪烁。

图 5-5　金绿宝石猫眼

猫眼宝石（图 5-5）因外观与猫的眼睛类似而得名。令人称奇的是，猫眼宝石的亮线也像猫的眼睛那样灵动，随着光线的强弱和光照的角度而游移闪烁，深得人们喜爱。

02 猫眼宝石的“修炼秘诀”

CHATOYANCY >>>

许多人认为猫眼宝石是一种宝石的名字，但事实上，“猫眼”是宝石的一种光学效应，只要具有猫眼效应的宝石都可以被称为某某猫眼宝石。例如海蓝宝石猫眼、金绿宝石猫眼、石英猫眼、碧玺猫眼等。

要想成为猫眼宝石，并不是一件容易的事情，它有三项“修炼秘诀”：首先，它得克制自己的“体态”，必须以挺着“大肚子”的宝石外形出现；其次，它需要有包容的“胸怀”，能够容忍一排或一组定向排列的纤维状、针管状或片状包体存在于“体内”；第三，它需要严守“纪律”，宝石的底面必须与定向排列的包体平行。

让我们一起来了解一下猫眼效应形成的原理，就知道为什么猫眼宝石必须进行这样的“修炼”了。刻面型宝石的顶端是平面。与刻面型宝石不同，弧面型宝石的顶端是一个点，为光照反射后的聚焦提供了条件（宝石的琢型请参考图 5-6）。猫眼宝石中的包体具有与母体宝石不一样的折射率，这使得光线照射在宝石上和照在包体上形成不一样的光泽，凸显了猫眼线的明亮。但如果宝石内形成猫眼线的“主角”——包体的排列杂乱无章，则会形成散乱的光线反射，无法聚焦。因此，宝石内部的包体必须是“纪律部队”，整齐划一地定向排列，且与宝石的底面平行。

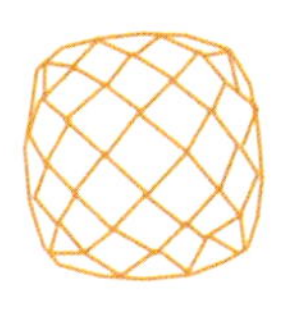

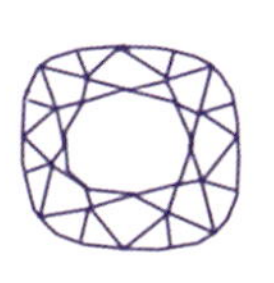

刻面型

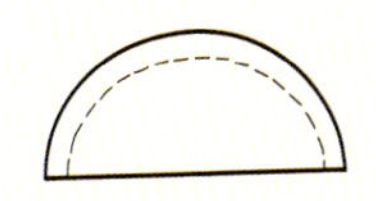
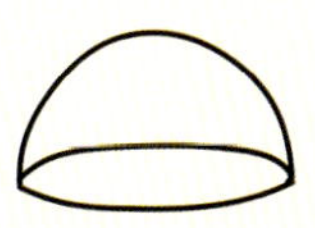
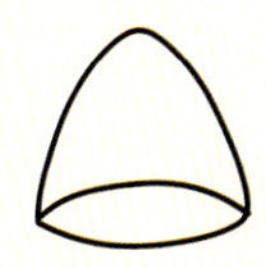
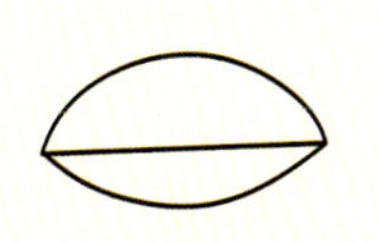

弧面型

刻面型

图 5-6　宝石琢型

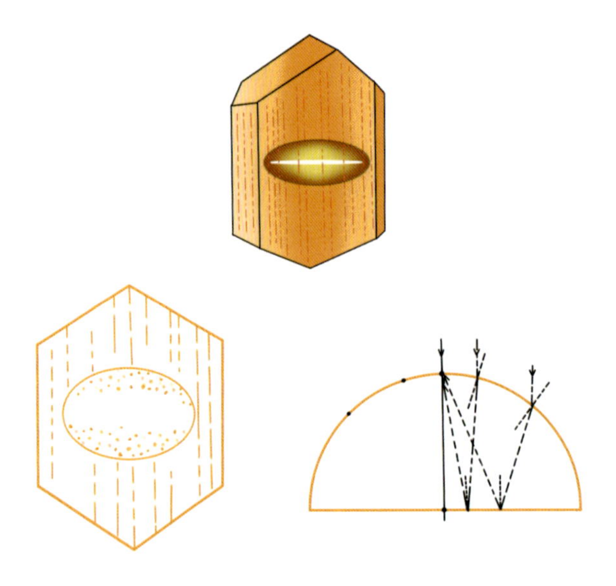

图 5-7 宝石的猫眼效应原理示意图

简单地说，猫眼效应形成的原理就是当光照在每一根包体上，在弧面形宝石的顶端形成一个反射点，许多的反射点紧密排列连成一条线或亮带。当光的照射方向改变，反射点的位置也随之改变，形成猫眼活灵活现的效果（图 5-7）。

03 猫眼宝石的“远亲近邻”

RELATIVES >>>

修炼“独门秘籍”，形成猫眼效应并不是容易的事情。因此，能形成猫眼效应的宝石品种并不多。它的“远亲近邻”中比较著名的有金绿宝石猫眼、祖母绿猫眼、海蓝宝石猫眼、碧玺猫眼（图 5-8）、石英猫眼、透辉石猫眼、矽线石猫眼、月光石猫眼、欧泊猫眼、尖晶石猫眼、石榴石猫眼、坦桑石猫眼等。

不同的猫眼宝石呈现出的猫眼效果有所不同。如果要论资排辈，具有猫眼效应的宝石中最珍贵的品种要属金绿宝石。金绿宝石，石如其名，通体呈金绿色和黄绿色，与猫眼睛的颜色十分相似。当金绿宝石中包裹有一组平行的丝状金红石包体时，它就具备了形成猫眼效应的条件。

图 5-8　碧玺猫眼

在光线照射下，金绿宝石猫眼表面呈现一条明亮光带，光带随着宝石或光线的转动而移动。当把金绿宝石猫眼放在两个光源下时，随着宝石的转动，猫眼线会出现“张开”与“闭合”的现象（图 5-9），像变魔术一般。也因此，在众多具有猫眼效应的宝石中，只有金绿宝石猫眼被宝石学家评价为最正宗的猫眼，可以直接称为“猫眼”。在其他宝石品种的猫眼命名时必须标明宝石的品种名称，例如祖母绿猫眼、碧玺猫眼。

图 5-9　金绿宝石猫眼效应
（在光线照射下，金绿宝石猫眼表面呈现一条明亮光带，光带随着宝石或光线的转动而移动）

图 5-10　祖母绿猫眼

图 5-11　海蓝宝石猫眼

在具备猫眼效应的宝石中,祖母绿由于其位列宝石界的“五皇一后”(宝石界的“五皇”分别是钻石、红蓝宝石、祖母绿、金绿宝石、欧泊,宝石界的“皇后”是珍珠),而备受关注。但由于祖母绿猫眼(图 5-10)中的平行排列的包体常常是管状的,导致猫眼线较粗,且亮度分散,猫眼效应不够灵动,所以不如金绿宝石猫眼那样“实至名归”。与祖母绿猫眼类似的还有海蓝宝石猫眼(图 5-11)、碧玺猫眼(图 5-12)、欧泊猫眼(图 5-13)等,它们也由于包裹的包体是管状,而不是针状,或者是由于本身硬度低、光泽弱、体色浅,尤法达到金绿宝石猫眼美轮美奂而又浑然天成的效果。

图 5-12　碧玺猫眼

图 5-13　欧泊猫眼

是不是只要宝石内部平行排列的包体足够纤细,就能形成完美的猫眼效应呢?其实不然,石英中也会含有平行排列的纤维状包体,例如石棉纤维,但石英的颜色往往为浅灰蓝色,与猫眼线的颜色十分接近,无法衬托猫眼线的明亮,达不到顶级猫眼线的效果。

当无色透明的水晶中含有纤维状、草束状、针状、丝状的金红石、电气石、角闪石、阳起石、自然金等包体时,被称为发晶(图 5-14)。把它们磨成弧面型宝石后,也会产生猫眼效应,但是透明度过高的水晶一眼被看穿,没有了半透明宝石猫眼效应的朦胧感觉,同样无法达到理想的猫眼效应。

综上,猫眼石的品质与包体的质量、宝石的底色、宝石的透明度、切磨的质量密切相关,稍有差池,猫眼效应就会大打折扣。

图 5-14 发晶

04 猫眼宝石的品质评价

APPRAISAL >>>

不是所有的猫眼宝石都身份高贵，即使是猫眼中的贵族——金绿宝石猫眼，也有优劣之分。关于猫眼宝石的优劣，一般从颜色、透明度、块度、工艺加工四个方面来评价。

首先，宝石的颜色要能够凸显猫眼线的灵动，因此，宝石的底色与猫眼线的颜色反差大，才是理想的猫眼宝石颜色。猫眼宝石中的顶级颜色为板栗黄色。

与其他的彩色宝石不同，猫眼宝石中半透明—不透明的宝石更有价值，因为透明宝石本身的明亮度会掩盖猫眼线的亮度。

宝石的块度，可以理解为宝石的大小、质量。在同等颜色、透明度、加工工艺的猫眼宝石中，越大的越有价值。

工艺加工的评价则较为复杂，还得从猫眼的琢型和加工程序说起。首先是琢型，弧面型琢型又称素面型或凸面型,也有人称腰圆。它的特点是宝石至少有一个弯曲面，腰形为圆形或者椭圆形,适于玉石或部分单晶宝石特别是具有特殊光学效应的宝石的加工。猫眼宝石切磨成弧面型，首先需要进行定向。其定向比较简单，根据猫眼效应产生原理，使琢型的底面平行于纤维包体，如果宝石轮廓为椭圆形,则纤维方向垂直于宝石的长轴方向。为了使猫眼效应眼线更细更活，可以适当地加大凸面型厚度，使凸面曲率增大，以便反射光集中于一个窄带内，形成清晰、明亮、活灵活现的猫眼光带。猫眼线位于宝石的正中位置,并且位于弧面最高点，方为完美琢型的猫眼宝石。

图 5-15　绚烂缤纷的宝石

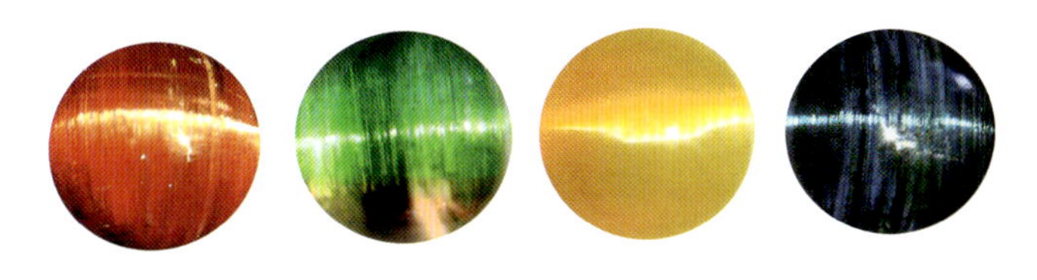

图 5-16　多种多样的猫眼宝石

有些珠宝以绚烂的色彩脱颖而出，如红珊瑚、翡翠；有些珠宝以剔透的质地傲视群雄，如摩根石、海蓝宝石；有些珠宝以独特的光泽引人注目，如钻石（图 5-15）。而猫眼宝石糅合色彩、透明度、光泽之美，“以动制静”，灵巧地演绎着珠宝界的魔术秀（图 5-16）。

◎请根据猫眼效应产生的原理，推测星光效应产生的原理。

- 自制猫眼宝石模型 -

◎请根据猫眼形成的原理，结合光的反射原理，采用弧形模具和艺术铁丝材料，制作猫眼宝石模型。

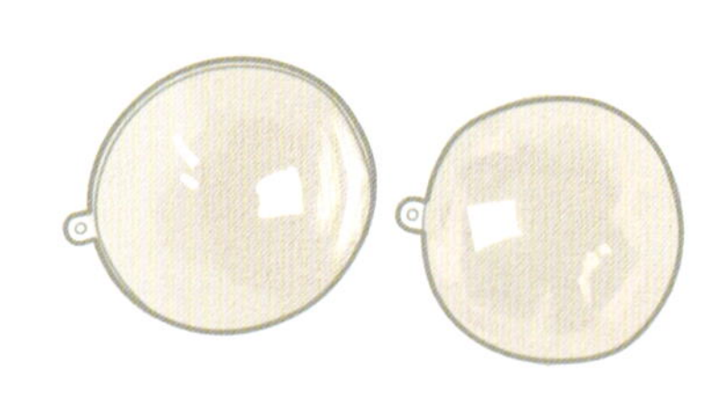

◎请您猜猜下面图中的眼睛分别属于哪种动物？

扫码看猫眼效应视频

扫描看猫眼效应模型制作视频

06
第六章
CHAPTER SIX>>>

宝石勾勒的熠熠星辉

——星光效应

自然界中，除了猫眼宝石，还有一种神秘的弧面型宝石，名叫星光宝石。当我们洞悉了猫眼宝石的秘密，就不难猜测星光效应的由来。本章将带您一起欣赏宝石勾勒的熠熠星辉。

第六章

CHAPTER SIX>>>

宝石勾勒的熠熠星辉

——星光效应

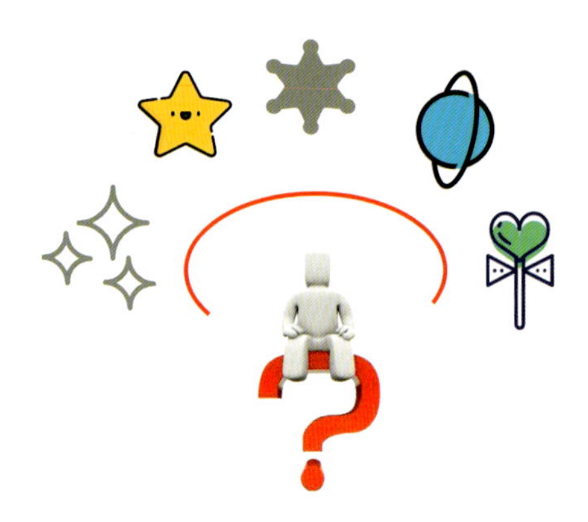

01 奇妙的星光宝石

ASTERISM >>>

在百度图片中搜索关键词“星星”，出现的是闪亮的五角星，关于它的文字解释是“肉眼可见的宇宙中的天体”。那么，星光宝石是什么呢？是五角星形状的宝石吗？还是闪闪发光的石头？

在宝石家庭中有一类宝石，它能呈现两条、三条或是六条交叉于一点的亮线,数道亮线随着入射光线的移动而闪烁，仿佛熠熠生辉的星星，被称为星光宝石。与猫眼效应一样，星光也是一种效应，它可能会出现在红宝石、蓝宝石、芙蓉石、石榴石等宝石中。根据星线的数量，星光宝石又可细分为四射星光、六射星光和十二射星光。根据星光效应的效果，星光宝石还可以分为表星光和透星光。

图 6-1　四射星光示意图

图 6-2　蓝宝石的六射星光

图 6-3　十二射星光示意图

图 6-4　芙蓉石的透星光

01.　四射星光

弧面型宝石的表面有两道交叉于一点的亮线，两道亮线随着入射光线的移动而移动，这种效应被称为四射星光（图6-1）。

02.　六射星光

弧面型宝石的表面有三道交叉于一点的亮线，三道亮线随着入射光线的移动而移动，这种效应被称为六射星光（图6-2）。

03.　十二射星光

弧面型宝石的表面有六道交叉于一点的亮线，六道亮线随着入射光线的移动而移动，这种效应被称为十二射星光（图6-3）。

04.　透星光

透星光也称“内星光”（图6-4）。一些宝石（如芙蓉石和铁铝榴石）的星光效应是在光线透过宝石，照亮了内部包裹体时引起的。它与在反射光下看到的表星光不同，需要借助强光照射，方能显现。

02 星光宝石的秘密

SECRET >>>

看起来，星光宝石比猫眼宝石还要神秘、复杂，是什么让宝石产生了的星光效应呢？问题的答案与猫眼效应密切相关。让我们一起来回顾猫眼效应产生的原理。

猫眼宝石的形成是由于宝石内部有一组定向排列的纤维状、针状或管状包体，当光线入射宝石后，被这组包体反射出来，形成了一道灵动的亮线。试想一下，当宝石中有两组包体（或结构），它们定向排列，互成夹角，且交叉于一点，宝石的表面是否会出现两道猫眼线叠加的效果呢？是不是就是我们所说的四射星光？以此类推，六射星光相当于三组定向排列的包体（或结构），互成夹角，且交叉于一点；十二射星光相当于六组定向排列的包体（或结构），互成夹角，且交叉于一点（图 6-5）。所以，星光效应与猫眼效应的联系与区别在于：星光效应的形成机理与猫眼效应形成的机理一样，是宝石及宝石内定向包体或结构对可见光的折射和反射作用引起的；所不同的是，在星光宝石中,包体或结构已不限于一个方向上，这些包体按一定的角度分布，是几组包体或结构与光作用的综合结果。

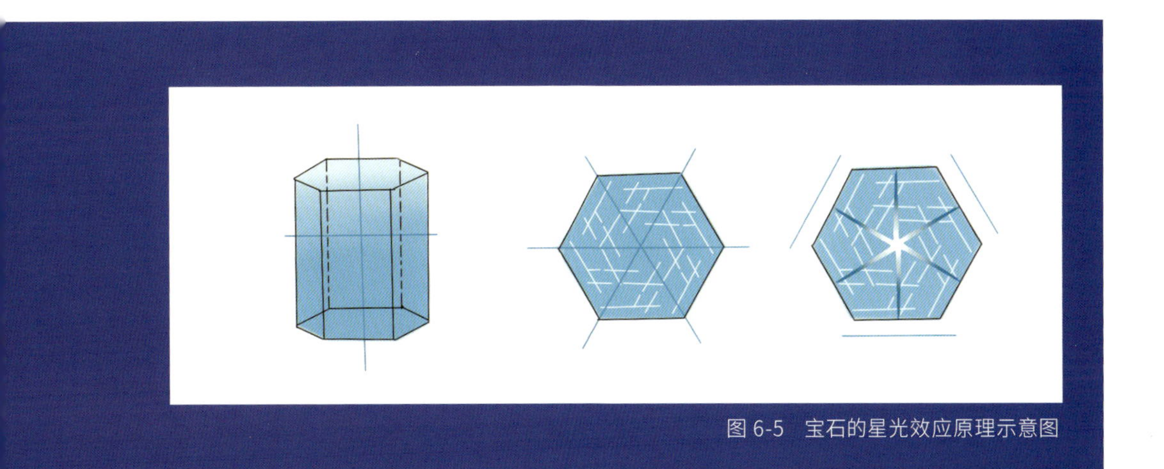

图 6-5　宝石的星光效应原理示意图

图 6-6　星光宝石中的金红石针包体示意图

形成星光效应的必要条件有：宝石内部含有两组或三组或六组定向排列的纤维状、针状或管状包体（图 6-6）；宝石切磨成弧面型；弧面型宝石的底面与这些包体所在的平面平行。

03 星光宝石界的“选美大赛”

COMPETITION >>>

正如前文所述，星光效应有可能出现在深邃高冷的蓝宝石、热情似火的红宝石等以颜色著称的宝石品种之中。因此，关于星光宝石的品质评估无疑是一场盛大的“选美比赛”。与猫眼宝石类似，星光宝石的评价也主要从四个方面入手，即颜色、透明度、块度（大小、质量）、工艺加工。

首先，星光宝石的颜色要能够凸显星线的灵动，因此，宝石的底色与星线的颜色反差大是高档的星光宝石颜色的一大特征。星光宝石中半透明—不透明的宝石更有价值，因为透明宝石本身的明亮度会掩盖星线的亮度。至于块度，在同等颜色、透明度、加工工艺的星光宝石中，越大的越有价值。

关于星光工艺加工的评价则从整体形态的比例和星线的美观两方面评判。清晰、明亮、活灵活现的星线最受消费者的喜爱。星线位于宝石的正中位置，多条星线准确地交于一点，并且位于弧面最高点，使交叉点闪烁出最为耀眼的“宝光”是星光宝石的最高“段位”。

众多星光宝石中以蓝宝石星光和红宝石星光最为著名。说到红宝石、蓝宝石，不得不提及二者千丝万缕的“亲戚”关系与围绕在它们身边的种种话题。

图 6-7　彩色蓝宝石和红宝石示意图

事实上红宝石和蓝宝石是同胞，并称为珠宝界的姊妹花。它们拥有同样的矿物成分（刚玉）和化学成分（Al_2O_3），只是杂质成分的不同，导致它们呈现不同的颜色。红宝石和蓝宝石的名字有着很强的迷惑性，常会让人们误以为红宝石就是红色的，蓝宝石就是蓝色的。可真实的情况是，珠宝界有一条有趣的规定，只有红颜色的刚玉被称为红宝石，除却红色，其余所有颜色的刚玉都被称为蓝宝石（图6-7）。所以，当您看到无色蓝宝石、绿色蓝宝石、紫色蓝宝石、橙色蓝宝石、黑色蓝宝石时，不必感到惊奇。

图 6-8 “达碧兹”
（“达碧兹”是宝石在生长过程中出现的特殊现象，最早被发现于哥伦比亚姆佐地区和契沃尔地区的祖母绿中）

04 “刻板”假星光——“达碧兹”

TRAPICHE >>>

星光宝石熠熠生辉，为本就尊贵的宝石平添风采。于是乎，宝石界也涌现了一些模仿者，其中最著名的要数“达碧兹”了。

“达碧兹”是宝石在生长过程中出现的特殊现象，最早被发现于哥伦比亚姆佐地区和契沃尔地区的祖母绿中（图 6-8）。具有这种现象的宝石会出现暗色的核心和放射状的“臂”，与星光效应十分相似。但“达碧兹”现象中的放射状条纹是刻板的、不会动的，因此它并不是真正的星光效应。

“达碧兹”

科学家们通过 X 射线衍射等方法证明，“达碧兹”宝石的暗色条带是由碳质包体和钠长石组成，有时也会出现方解石和黄铁矿，而且，它们是完整的单晶。

后来慢慢在其他宝石家族中也发现有“达碧兹”，例如绿柱石家族（祖母绿、海蓝宝石、摩根石）、刚玉族（红宝石、蓝宝石）、碧玺、水晶、红柱石、尖晶石、钻石、石榴石中也可见到这种现象。

“达碧兹”现象的表现形式是多种多样的，有些是暗色的“臂”交于一点，也有“达碧兹”宝石中的中心为六边形暗色物质，外围为与之平行的六边形环和连接内外角点的黑线，像极了西班牙人用来压榨甘蔗的磨轮（西班牙文：tra·pi·che (de azúcar)，故因此得名。

虽然“达碧兹”宝石看起来“刻板”，但在哥伦比亚的文化中享有很高的地位，当地人深信“达碧兹”祖母绿是神的特别恩赐，六道黑线（臂）分别代表健康、财富、爱情、幸运、智慧和快乐。

-小小珠宝评估师-

◎请您像珠宝评估师那样针对图片中的星光宝石做出准确、有序的描述记录，并根据星光宝石的评估依据对图片中的星光宝石的品质进行排序。

宝石评估报告

名　称：
编　号：
琢　型：
颜　色：
质　量：
透明度：
光　泽：
描　述：

宝石评估报告

名　称：
编　号：
琢　型：
颜　色：
质　量：
透明度：
光　泽：
描　述：

宝石评估报告

名　称：
编　号：
琢　型：
颜　色：
质　量：
透明度：
光　泽：
描　述：

扫码看星光蓝宝石视频

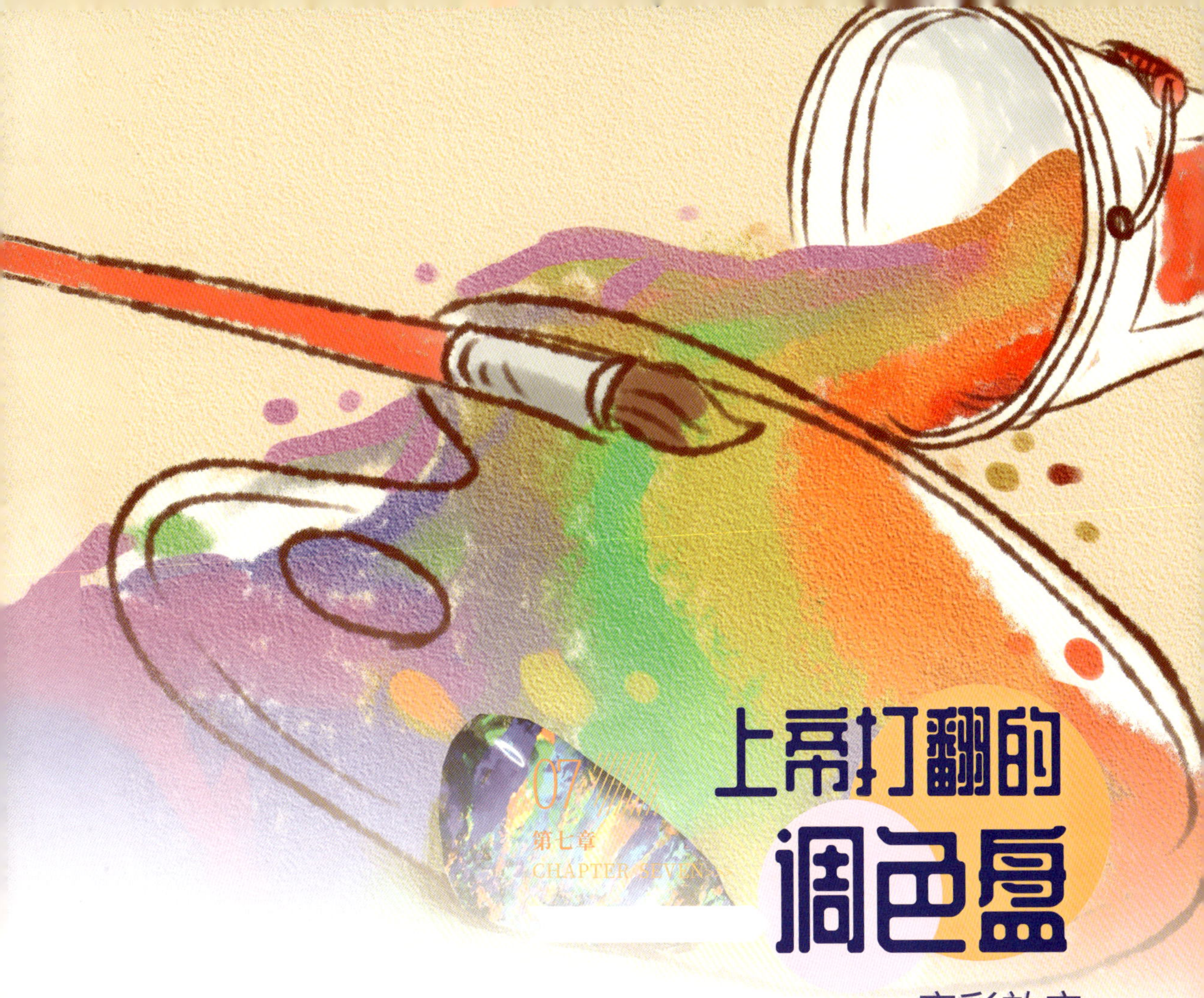

07

第七章

CHAPTER SEVEN

上帝打翻的调色盒

——变彩效应

珠宝玉石大家庭中有这样一种宝石，您可以在它身上同时欣赏到“红宝石般的火焰、紫水晶般的色斑、祖母绿般的绿海……五色缤纷、浑然一体、美不胜收”。这是古罗马的老普林尼在《博物志》中对欧泊发出的由衷赞叹。而欧泊所呈现的这种像艺术家手中的调色板一般五彩斑斓的效应就是本章要讨论的变彩效应。除却欧泊，拉长石和月光石也会变化戏法，制造晕彩效应和月光效应。就让我们一起来欣赏宝石魔术师玩转光的干涉、衍射、散射的技艺吧！

07
第七章
CHAPTER SEVEN>>>

上帝打翻的调色盘

——变彩效应

01 上帝打翻的调色盘

OVERTURNED PALETTE>>>

欧泊的英文为 Opal，源于拉丁文 Opalus，是金秋十月的生辰石，意思是“集宝石之美于一身”。作为世上最美丽和最珍贵的宝石之一，欧泊对澳大利亚“情有独钟”，世界上 95% 的欧泊在澳大利亚产出，因此，欧泊还有一个商业名称叫作“澳宝”。古罗马自然科学家老普林尼曾说：“在一块欧泊石上，你可以看到红宝石的火焰，紫水晶般的色斑，祖母绿般的绿海……五彩缤纷、浑然一体、美不胜收。”高质量的欧泊被誉为宝石的调色盘，以其特殊的变彩效应而闻名于世。

02 个性鲜明的欧泊家族

MEMBERS IN OPAL'S FAMILY >>>

图 7-1　黑欧泊吊坠

图 7-2　白欧泊戒指

图 7-3　火欧泊首饰

图 7-4　晶质欧泊胸针

欧泊的家族庞大，兄弟姐妹们性格迥异，个性十足，其中最引人瞩目的四位分别是黑欧泊、白欧泊、火欧泊和晶质欧泊。

黑欧泊是家族中的贵族，以庄重的黑色或深蓝、深灰、深绿、褐色等深颜色作为衬底，以五彩斑斓的色块作为点缀。由于底色与变彩色的强烈对比，凸显了变彩效应的鲜艳、明亮，因而是家族中最为高档的品种（图 7-1）。

白欧泊行事低调，在白色或浅灰色的体色上变换着色彩，典雅而安静，过渡自然，是家族中的大家闺秀，也是最常见的品种（图 7-2）。

火欧泊热情而特立独行，是家族中的时尚弄潮儿，通体呈现橙色、橙红色或红色，无变彩效应（图 7-3）。

晶质欧泊敏感纯洁，通体透明，它的色彩一眼望得到底（图 7-4）。

03 硅石小球与自然光的“角力”

STRUGGLES >>>

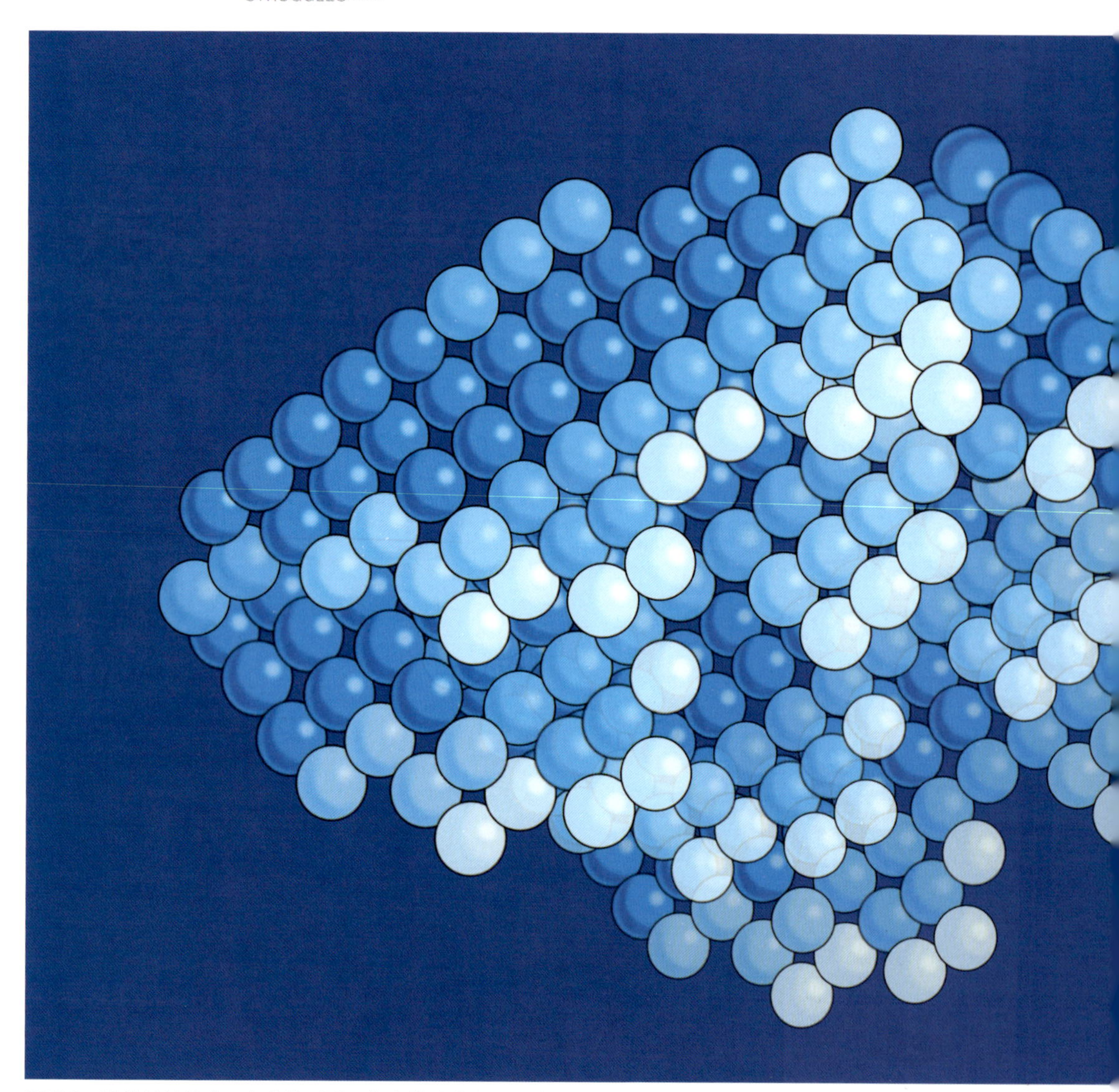

图 7-5　欧泊的结构中二氧化硅以近于等大的球体在三维空间作规则排列

欧泊的化学成分是 $SiO_2 \cdot nH_2O$，硅石凝结过程中，水分逐渐减少，凝胶形成球状体，球状体自然附着小粒的硅石，这些小球的尺寸在 1 500 埃到 3 500 埃（$1Å=10^{-8}cm$）。宝石学家们用环境电子扫描显微镜（环境电子扫描显微镜是一种微观形貌观察仪器，可直接利用样品表面材料的物质性能进行微观成像，放大倍数在 14 万～100 万倍之间，连续可调），仔细观察欧泊的内部，发现一个秘密，欧泊中二氧化硅以等大球体在三维空间作规则排列。

由于它们是圆的球体，从结构上观察，球与球之间存在很小的空隙（图 7-5）。这时候，一束自然光照在欧泊身上，可是不巧，遇到了不透明的小球阻挡了去路，于是光线另辟蹊径，从小球之间的孔隙中找“路径”。无奈小球之间的孔隙十分逼仄，光线使出浑身解数才从缝隙中挤了出去，挤得浑身散了架，变成了彩色光，于是我们就看到了像调色盘一样五颜六色的欧泊。

聪明的您一定会问，“个性鲜明的欧泊家族”中提到了各种类型的欧泊，其中也包含没有变彩效应的欧泊，难道它们的体内不是硅石小球结构吗？答案很有趣，实际上这是一场硅石小球与自然光的“角力”，不同的“战绩”会呈现不同的光学效果。

图 7-6　八面体示意图

图 7-7　四面体示意图

1m = 100cm = 1 000mm = 1 000 000 000nm

在欧泊的微观结构中，任意一个二氧化硅小球周围都有六个八面体（图 7-6）孔隙和八个四面体（图 7-7）孔隙，这样欧泊的结构便形成了最典型的天然三维光栅。欧泊的色彩正是由于这些规则排列的孔隙通过光学干涉、衍射作用分解白光产生的。当硅粒比较大的时候，孔隙相对也会比较大，红色或橙色的衍射光线就会出现。如果硅粒比较小，同样孔隙就会比较小，蓝紫色的光谱就通过衍射作用被分解出来。其中的色彩过渡就如同彩虹变化一般，光线衍射作用最强的是孔隙尺寸最大的，因此红色变彩的欧泊表面往往很明亮，而蓝色变彩则相对比较暗淡。而当硅石小球之间的孔隙过大时，光线畅通无阻，进出自由，自然也就不会出现五彩斑斓的变彩效应。

当欧泊中的球体间距在138～241nm之间时，可允许白光中所有波长的单色光通过，形成七彩欧泊；当球体间距在138～204nm之间时，只允许紫色至黄色的五种光谱色的光通过，形成五彩欧泊；当球体间距在138～176nm之间时，只允许紫色至蓝绿色的三种光谱色的光通过，形成三彩欧泊；当球体间距在138～165nm时，只允许紫、蓝光通过，形成二彩或单彩欧泊。

04 难分高下的色彩竞赛

如前所述，硅粒的直径决定了欧泊颜色的分布范围。当我们评价欧泊的时候，需要将它分为两类，区别对待。当评价具有变彩效应的欧泊时，主要从胚体色调、晕彩的颜色、明亮度、图案入手，进行评价。欧泊的变彩面积越大，品质越高。变彩色如果是多种颜色的组合色，则以颜色丰富、色彩明亮的为上品；如果变彩的颜色是单一颜色，则依蓝、绿、黄、橙、红为序，价值逐渐升高。对于没有变彩的欧泊，则以颜色纯正、饱满，无杂质者为上品（图7-8）。

图 7-8 色彩丰富的欧泊首饰

图 7-9 呈细脉状产出的欧泊

值得一提的是，欧泊常呈细脉状产出，有时欧泊层非常薄（图 7-9），难以琢磨。因此，市场上常常能见到用玉髓片和欧泊片粘接在一起的欧泊拼合石。因此，在选购欧泊饰品时，观察欧泊的侧面是否有拼接的痕迹，极为重要。

图 7-10　具有晕彩效应的拉长石

05 另类魔术师——拉长石

LABRADORITE >>>

与欧泊类似，拉长石也会变幻“彩虹”魔术，但与欧泊的小球戏法不同，拉长石依靠内部结构中的光栅形成晕彩效应。拉长石的内部包含聚片双晶的薄层，光穿过不同的薄层，一快一慢，“步调”不一致。它们波长相同、相差恒定、传播方向相近，形成了光的干涉，从而出现晕彩效果（图 7-10）。

06 似天空 更似月空——月光石

MOONSTONE >>>

月亮，在中文优美丰富的辞藻中又被表达为玉兔、夜光、冰轮、玉镜等。月亮能得到如此优雅的名字，皆因其幽冷、高贵的光芒，引人赞叹。月光石也能呈现出这种迷雾般高冷的光泽，因而得名（图 7-11）。

目睹过月光石芳容的人都知道，月光石幽蓝清冷，散发柔美之光。它焕发的蓝光与天空蓝的形成原理相似。月光石是正长石和钠长石两种成分分层交互生长的产物。两种成分对光的折射率略有差异，从而形成了对可见光的散射，显现了朦胧的月光效果。

月光石在转动到一定角度时，可见宝石表面呈现蓝色、白色的浮光（图 7-12）。月光石的重要产地有斯里兰卡、印度、缅甸、巴西、马达加斯加、美国、澳大利亚，中国内蒙古也有出产。因此，有人猜测中国古代传说中的和氏璧可能就是一种月光石。有趣的是，月光石与拉长石是同胞兄弟，它们都属于长石家族。

图 7-11　月光石月光效应（鱼雕件）

图 7-12　月光石月光效应（手串）

光栅小实验揭秘晕彩灵动的原因

◎所需材料：黑色卡纸一张、白色卡纸一张、白纸、彩色笔、裁纸刀、直尺。
实验步骤：

第一步

把黑色卡纸用剪刀和裁纸刀制成黑白等距的条纹。

第三步

用彩色笔在白纸上画上自己喜欢的图案。

2

第二步

将黑色卡纸的上边缘和下边缘粘贴在白色卡纸上。

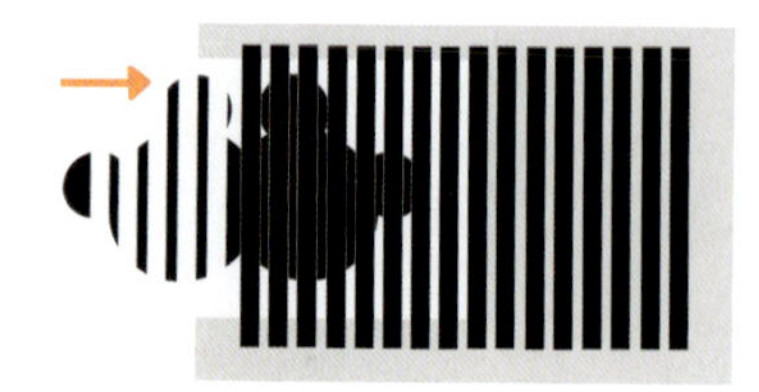

通过这一张小小的魔术卡片，原本静态的画面就能动起来。这是什么科学原理呢？当光栅盖上去的时候，光栅的黑色条纹正好能遮住左边心形的白色区域，且同时遮住了右边的黑色区域，这样在左边就出现了黑色的图案，右边感觉是空白的。

反之同理，右边出现黑色的图案，左边感觉是空白的。当左右来回抽动光栅，两个图案就不断地切换了！同样的原理，当我们把具有晕彩效应的宝石放在手心转动，宝石上的色斑也会呈现相似的动态效果。

第四步

然后将画有图案的纸裁剪成合适的大小，插入黑色卡纸和白色卡纸中间。

第五步

来回抽动画有图案的纸片，就会出现米老鼠头像从左向右动来动去的动态效果。

扫码看变彩效应视频

扫码看月光效应视频

扫码看晕彩效应视频

08

第八章

CHAPTER EIGHT>>>

宝石的易容术

——变色效应

在烛光下， 明明是鲜艳如血的“红宝石”，可是，把蜡烛吹灭，日光灯打开，您看到的却是一粒同样形状的“祖母绿”。您揉一揉眼睛，不敢相信这个没有魔术师操作的魔术，不得不惊叹于自然界的鬼斧神工。本章，让我们一起来揭秘宝石的易容术——变色效应。

08

第八章

CHAPTER EIGHT>>>

宝石的易容术——变色效应

图 8-1 宝石的变色效应示意图

在不同光源的照射下，宝石呈现不同颜色的效应称为变色效应。宝石大家庭中，会玩“变色”魔术的魔术师中最著名的要数变石了。变石在日光的照射下呈绿色，在白炽光的照射下呈紫红色，有“白昼里的祖母绿，黑夜中的红宝石”之称（图 8-1）。

图 8-2 乌拉尔山脉位置示意图
（乌拉尔山脉是俄罗斯境内大致南北走向的一座山脉，它位于俄罗斯的中西部，为欧洲与亚洲分界山脉，也是伏尔加河、乌拉尔河与东坡鄂毕河流域的分水岭）

01 白昼里的祖母绿 黑夜中的红宝石

EMERALD OR RUBY >>>

变石被喻为“白昼里的祖母绿，黑夜中的红宝石”，它在商业界有一个别名，叫作“亚历山大石”。据传说，在1830年俄国沙皇亚历山大二世的生日那天第一次发现了变石，故将这种宝石命名为“亚历山大石”。变石的著名产地是俄罗斯乌拉尔山脉。乌拉尔山脉是俄罗斯境内大致南北走向的一座山脉，它位于俄罗斯的中西部，为欧洲与亚洲分界山脉，也是伏尔加河、乌拉尔河与东坡鄂毕河流域的分水岭（图 8-2）。

乌拉尔山脉是俄罗斯的一个矿藏宝库，它的东坡蕴藏着磁铁矿、铜、铝、铂、石棉等矿产以及变石、紫晶、黄玉和祖母绿等宝石资源，西坡则储有钾盐、石油和天然气。

说到这里，我们忍不住想要揭示变石的“身世”。其实，变石和金绿宝石是一奶同胞，确切地说，变石是金绿宝石的变种，是“脾气”较为乖张和任性的那一个，在不同的光源条件下，由着自己的性子，变化着颜色。

想要揭秘变石变幻颜色的魔术，我们还得先补充一些关于宝石颜色的知识。

02 光·宝石·颜色

LIGHT·GEM·COLOR >>>

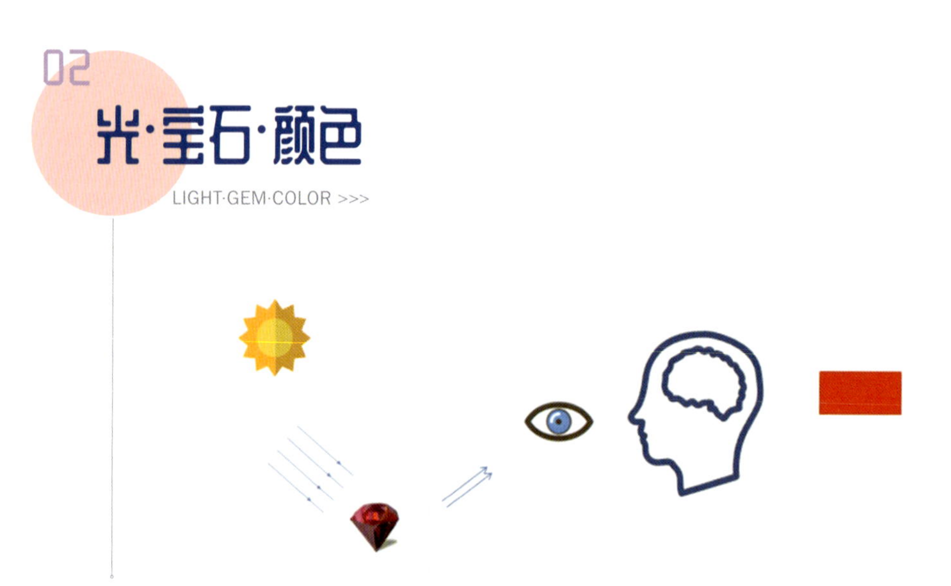

图 8-3　宝石的“魔术秀”
（光源照在宝石上，宝石对光进行选择性吸收，透过宝石的光在眼睛的视网膜上形成讯号，刺激大脑皮层，使观察者产生对颜色的认知）

在宝石的“魔术秀”中，光是不可或缺的完美道具，它巧妙地利用自身的特性，穿梭、迂回在宝石材料之中，形成了各种炫目的色彩、迷幻的效应，与人类的眼睛（视觉系统）、宝石一起演绎着一场又一场魔术（图 8-3）。

光的实质是以极大速度通过空间传播能量的电磁波。电磁波谱范围宽泛，种类繁多，包括无线电波、微波、红外线、可见光、紫外线、X 射线、γ 射线。不过，在这些复杂的电磁波谱中，能够引起人眼视觉的只有很小的一部分，它被称为可见光光谱，波长范围在 380 ～ 760nm 之间（图 8-4）。

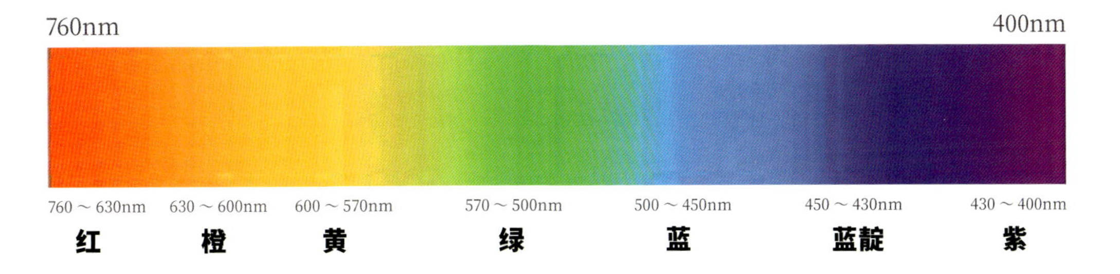

图 8-4　可见光光谱

宝石的颜色是宝石对不同波长的可见光相互作用的结果。基于宝石条件、性格的不同，宝石与光线的相互作用主要出现如下两种情况：

（1）当光照在透明宝石“身上”时，“向往自由”的光，穿透宝石，逃离出去；“沉静内敛”的光藏于宝石体内，被吸收了；“活跃”的光在光滑的宝石表面“跳跃”，形成反射。最终进入人眼，引起大脑感知的是透过宝石的光和在宝石表面反射的光的组合。举个例子说明，当我们的大脑告诉我们，面前的这粒宝石是绿色的，那意味着，这粒宝石选择性地吸收了光源中的红色、橙色、紫色等可见光，而透射出以绿色为主的残余光中各色光的混合色，从而让我们形成这粒宝石是绿色的认知。

（2）当光照在不透明宝石“身上”时，以反射光为主，兼有少量透射、吸收，我们看见的不透明的宝石颜色就是以反射光谱为主的混合色。

03 变石易容术

AVENTURESCENCE >>>

红宝石的化学成分是三氧化二铝(Al_2O_3)(图 8-5);祖母绿是铍铝硅酸盐矿物,化学分子式为 $Be_3Al_2(Si_2O_6)_3$(图 8-6);金绿宝石为铍铝氧化物,化学分子式为 Be_2Al_4O。聪明的你一定发现了它们三者的化学成分有相似之处。如果将祖母绿和红宝石分别排在两端,变石则介于两者之间,即变石中红光和绿光透过的概率近乎相等。

图 8-5

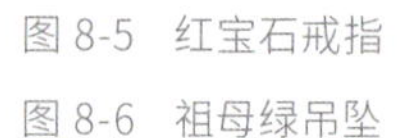
图 8-5　红宝石戒指
图 8-6　祖母绿吊坠

图 8-6

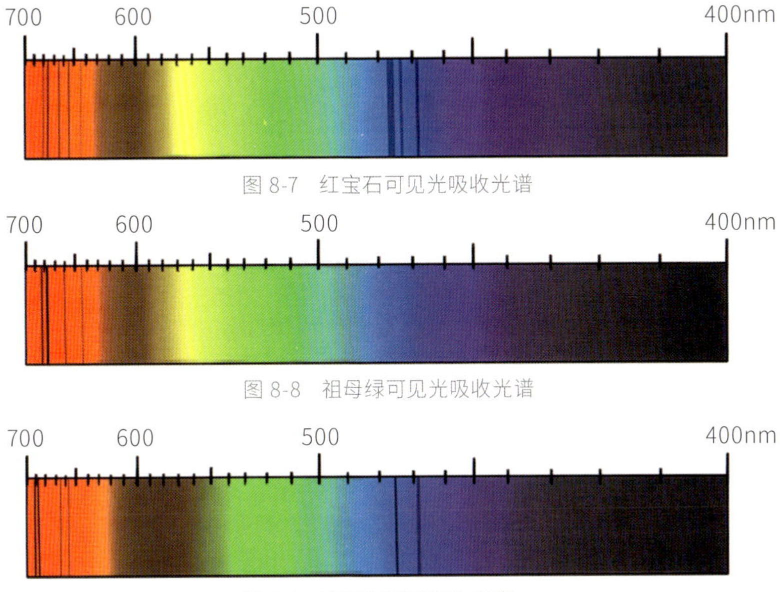

图 8-7　红宝石可见光吸收光谱

图 8-8　祖母绿可见光吸收光谱

图 8-9　变石可见光吸收光谱

变石有两个透光区，即红色波段和绿色波段。相对而言，日光色温较高，绿光的成分偏多，导致变石中蓝绿色的成分得到增强，从而给我们的大脑以绿色的印象；烛光色温偏低，红光成分多，使得大脑认为看到的是红色的宝石（图 8-7、图 8-8、图 8-9）。

除了变石有变色效应之外，蓝宝石、尖晶石、石榴石（图 8-10）、碧玺、萤石、蓝晶石等宝石中也有可能出现变色效应。如果变色效应与猫眼效应集于一个宝石上，则称为变石猫眼（图 8-11），是极为罕见的宝石，价值极高。

图 8-10　变色石榴石

图 8-11　变石猫眼示意图

宝石的变色效应有强有弱，有些宝石的变色效应十分微弱，不易察觉，因而在同等条件下，变色效应越明显的宝石价值更高。例如，图 8-12 中的蓝宝石在不同光源条件下，颜色由深蓝色变为紫蓝色，十分接近，价值不高。而图 8-13 中的蓝宝石在不同光源条件下，颜色则由深蓝色变为紫色，因而具有更高的价值。

图 8-12　蓝宝石在不同光源条件下，颜色由深蓝色（左）变为紫蓝色（右）

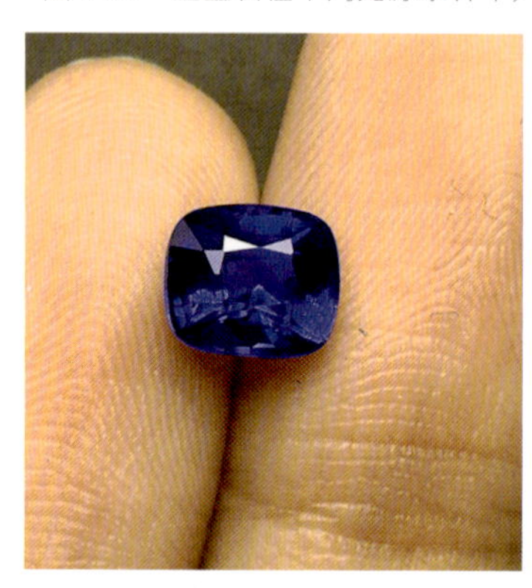

图 8-13　蓝宝石在不同光源条件下，颜色由深蓝色（左）变为紫色（右）

- 光与颜色 -

◎材料准备：光盘一张、A4白纸一张、硬纸板一张（比光盘尺寸略大）、固体胶、彩色笔一套、梭子线30～40cm、牙签数根、剪刀一把。

第一步，按照光盘外轮廓裁好一张白纸和一块硬纸板，并在白纸上标记光盘中心的小圆圈。

第二步，在裁好的白纸上找到圆形的圆心，通过圆心在白纸上划线，将圆形的白纸分为六等份，分别在每等份的六个扇形上依次涂上红色、橙色、黄色、绿色、蓝色、紫色。

第三步，将画好的圆形纸粘贴在圆形硬纸板上。用牙签在做好的纸板中心扎两个小孔。孔的直径允许梭子线通过即可。

第四步，将梭子线穿过小孔，打结。

第五步，抓住梭子线的两端，确保光盘纸板位于线的中间，快速晃动梭子线。您会看到硬纸板上的颜色随着晃动的速度依次变化：彩色色块—过渡自然的彩虹色—白色。

扫码看变色效应视频

扫码看光与颜色实验视频

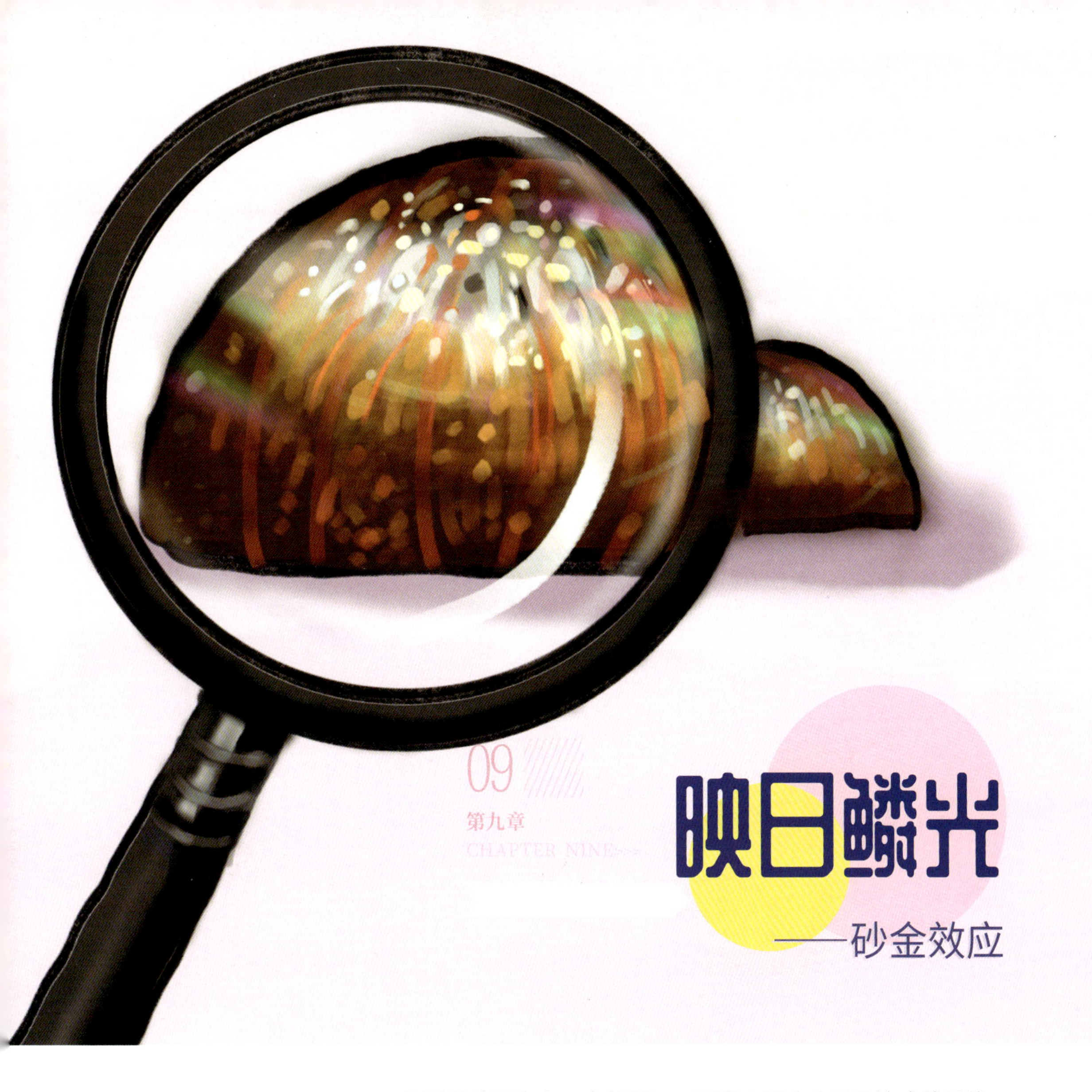

09

第九章

CHAPTER NINE>>>

映日鳞光

——砂金效应

在遥远的西方有一个传说——不管太阳在乌云后边或地平线下边，人们都可以使用太阳石来找出太阳的位置。所谓的太阳石，也就是我们常说的日光石。日光石的砂金效应，使其身上闪烁的光辉像极了塞纳河黄昏时的余晖，美丽、动人。

09

第九章

CHAPTER NINE

映日鳞光

——砂金效应

有些宝石或玉石中含有大量细小的金属矿物包体。受光线照射，包体表面发生光的反射、折射，呈现耀眼的闪光，形成砂金效应。砂金效应最完美的呈现是在日光石中（图 9-1）。

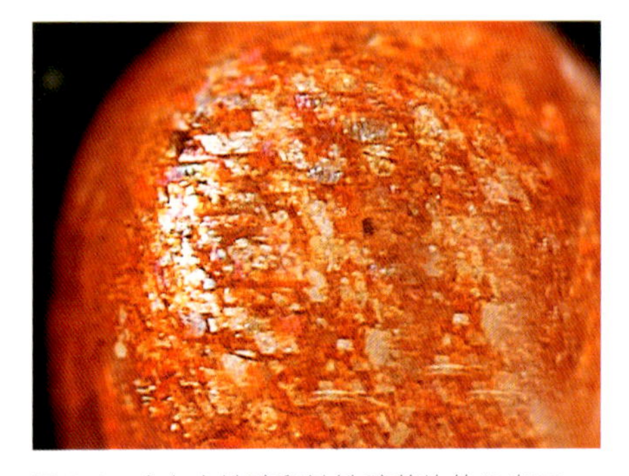

图 9-1　含有赤铁矿和针铁矿薄片的日光石

日光石中含有大量定向排列的金属矿物薄片。这些金属矿物多为赤铁矿、针铁矿，颜色为橙红色或暗红色。当强光照射在日光石上，其内部的矿物薄片反射出红色或金色的光，好像太阳一样，故而得名。

具有砂金效应的宝石其实并不少见,除日光石外,比较出名的还有东陵石（图 9-2）。东陵石是一种具有砂金效应的石英质玉石,常含有其他颜色的矿物而呈现不同颜色。含铬云母者呈现绿色，称为绿色东陵石；含蓝线石者呈现蓝色，称为蓝色东陵石；含锂云母者呈现紫色,称为紫色东陵石。总体来说，东陵石中的石英颗粒比较粗，所含的片状矿物也比较大，与日光石的砂金效应相较而言，略有逊色。

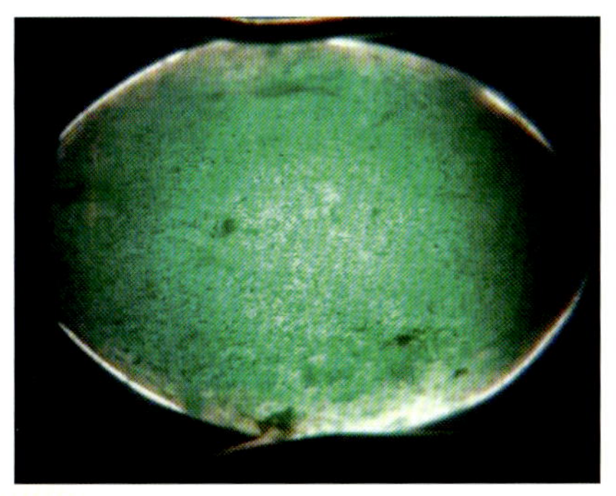

图 9-2　具有砂金效应的东陵石

图 9-3　草莓晶手串

图 9-4　砂金玻璃

近年来，砂金界又出新秀，一种名为“草莓晶”的宝石（图 9-3）横空出世，以其粉红色的砂金效应受到许多消费者的喜爱。草莓晶实际上是包裹纤铁矿的白水晶。当阳光照在草莓晶上时，草莓晶内部的纤铁矿反射光线，形成了“bling bling”的效果。

砂金效应原理简单，易于模仿。人们将大量细小的铜片烧制在褐色的玻璃中，制成具有类似效应的仿砂金石，并给它取名为“砂金石”或“金星石”（图 9-4）。不过，由于金星石中的小铜片大小、形状一致，反而失去了天然宝石的拙朴之美。

和前面几章所述的宝石质量评价因素类似，具有砂金效应的宝石的质量评价也是首先从颜色入手。具有砂金效应的宝石中，颜色鲜明、浓艳的为上品。大多数日光石体色呈黄色、橙色或褐色。体色呈绿色的日光石极为罕见。曾有人发现过同时呈现深绿色和深红色的双色日光石，被视为顶级珍品。

其次是宝石中内含物的尺寸与分布。当宝石中的内含物又细又小时，无法形成理想的反光面，而只能达到改变宝石体色的效果。只有当宝石中的内含物尺寸适中，分布均匀，才能产生理想的砂金效应。

日光石是美国俄勒冈州的州宝石。该地盛产具有砂金效应的日光石，它们因内含物含铜而有特别的光晕。

- 自制砂金效应凝胶 -

◎所需材料：普通胶水、清水、容器、搅拌棒、亮片（可用指甲装饰亮片）。

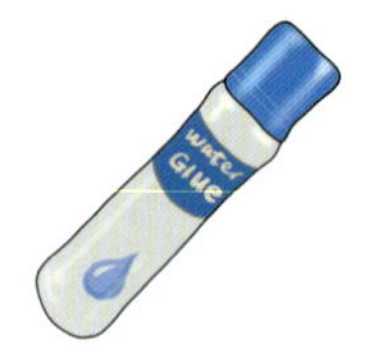

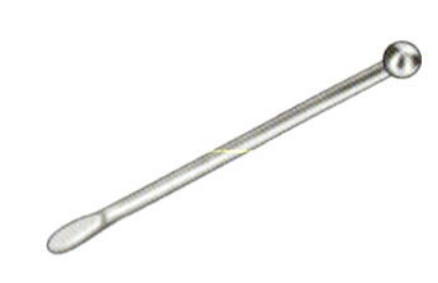

步骤：

第一步

将准备好的胶水，挤一部分到容器里，胶水量的大小根据准备做的凝胶大小而定。

第二步

在加过胶水的容器里加入清水，清水量为胶水量的四分之一以上三分之一以下。

第三步

在容器中加入少量的洗衣液，量不宜过多，后续太硬的话可以再多加一点。

第四步

在容器中倒入亮片，用搅拌棒不断搅拌容器里的混合物，直到混合物完全融合；然后取出，固定成自己喜欢的形状就成了具有砂金效应的凝胶。

扫码看砂金效应视频　扫码看砂金凝胶实验视频

10

第十章

CHAPTER TEN

结语

《变魔术的宝石》介绍了珠宝玉石变魔术的各种“戏法”，这些“戏法”都与光的物理原理有关，因此被统称为宝石的特殊光学效应。与人类社会相似，宝石中也似乎有着“物以类聚人以群居”的定律。书中所介绍的许多具有特殊光学效应的宝石都有着亲缘关系，例如金绿宝石和变石同属金绿宝石族，红宝石和蓝宝石同属于刚玉族，是宝石界知名的姊妹花。如果要按照变魔术的本领来给这些家族排个序，排名第一的一定是长石家族。因为长石家族中有可能出现几乎所有的特殊光学效应——月光效应（月光石）、晕彩效应（拉长石）、猫眼效应（月光石中有可能出现，但很少）、砂金效应（日光石）、星光效应（月光石中有可能出现，但很少）。

可惜的是，长石家族面广而不精，不像金绿宝石猫眼，由于“段位”高而享有特权，直接被冠名“猫眼”；也不像刚玉家族的星光红宝石、蓝宝石，熠熠生辉，璀璨夺目，常常可在皇室珠宝收藏中见到它们的身影。还有一些珠宝玉石尽管低调内敛，却独具一格、难以取代，例如珍珠，它的表面呈现的晕彩步调统一、和谐自然，如同用水彩颜料绘制的彩虹，不张扬，但柔美。人们一直试图制造珍珠的这种光泽和效应，但却发现天然的珍珠光泽一直被模仿，从未被超越。

珠宝玉石的特殊光学效应向我们昭告着大自然的奇妙，演绎着大自然的哲学。在大众审美中，“干净”往往是一粒优质的宝石所必备的法宝。可是，总有一些宝石，它们独立、特别，不囿于陈规，把看似缺点和劣势的“包体”“杂质”“结构缺陷”，假以魔术，幻化出新的色彩和光芒，塑造属于它们自己的魔幻世界。它们仿佛精灵，点缀着原本枯燥乏味的石头世界，营造出光与色变幻莫测的宝石空间。

◎我们的生活中可以见到哪些珠宝？你能列举出宝石的至少五种用途吗？

参考答案：生活中常见的珠宝有钻石、红宝石、翡翠、珍珠、琥珀。宝石的用途有装饰、宗教礼器、生活器具、工业原料、药食用材等。

◎请把你认为是宝石的选项圈出。

A. 玻璃

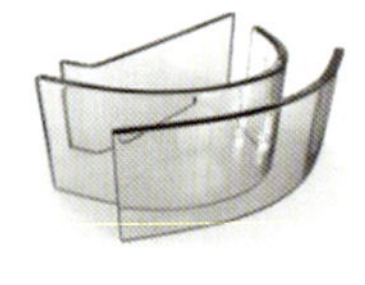

B. 钻石

C. 贝壳

参考答案：B C

◎猜一猜爱德华王子为什么又被称为“黑太子”？

参考答案：“黑太子”爱德华 Edward the Black Prince (1330.6.15—1376.6.8) 生于英国牛津郡伍德斯托克，是爱德华三世的长子。他是英法百年战争第一阶段中英军最著名的指挥官，被封为切斯特伯爵、康沃尔公爵 (1337 年)、威尔士亲王 (1343 年)。其“黑太子 ”(the Black Prince) 之名的由来有两种说法：一为，因常穿黑色铠甲，故被称为“黑太子”；二为，因洗劫阿奎丹公国，又在阿奎丹放纵士兵横行不法，故法国人认为他心肠黑，称之为“黑太子”。不过，爱德华王子在世时以其出生地署名，被称为伍德斯托克的爱德华 (Edward of Woodstock)。而“黑太子”之名出现在爱德华王子去世之后的 16 世纪。

◎你知道世界上还有哪些国家保留皇室吗?

参考答案:目前世界上还有许多国家保留皇室,按照大洲来分,这些拥有皇室的国家名录如下:

大洲	拥有皇室的国家名称		数量	排序
亚洲	•日本:日本皇室 •泰国:却克里王室 •柬埔寨:诺罗敦王室 •马来西亚:九州皇室 •文莱:博尔基亚王室 •不丹:旺楚克王室	•巴林:阿勒·哈里发王室 •约旦:哈希姆王室 •卡塔尔:阿勒·萨尼王室 •科威特:萨巴赫王室 •阿曼:阿勒布-赛义德王朝 •沙特阿拉伯:沙特王室	12个	①
欧洲	•英国:温莎王朝(韦廷王室后裔,萨克森-科堡-哥达系) •荷兰:奥伦治·拿骚王室 •比利时:韦廷王室(萨克森-科堡-哥达系) •卢森堡:拿骚-魏尔堡王朝(波旁王室后裔) •西班牙:波旁王室	•丹麦:石勒苏益格-荷尔斯泰因-松德堡-格吕克斯堡王朝(奥尔登堡宗室的支系) •列支敦士登:列支敦士登王室 •摩纳哥:格里马尔迪王室 •挪威:石勒苏益格-荷尔斯泰因-松德堡-格吕克斯堡王朝(奥尔登堡宗室的支系) •瑞典:伯纳多特王朝	10个	②
非洲	•摩洛哥:阿拉维王室 •莱索托:莫舒舒王室 •斯威士兰:德拉米尼王室		3个	③
北美洲				
南美洲				
大洋洲	•汤加:图普王室		1个	④
南极洲				

◎植物界、动物界的成员有可能跻身珠宝玉石的行列吗？如果有，请举例。

参考答案：琥珀是远古时代木本植物分泌的树脂经过地下埋藏，高温高压矿化而形成的有机宝石。目前人类发现的琥珀最早见于中生代三叠纪，最晚为新生代新近纪。珊瑚是一种低等腔肠动物珊瑚虫分泌的以钙质为主体的堆积物形成的骨骼。一些深海珊瑚颜色瑰丽、光泽柔和，是珍贵的有机宝石家族中的一员。

◎来自外太空的玻璃陨石是珠宝玉石大家庭中的一员吗？请说说你的理由。

参考答案：玻璃陨石是陨石成因的天然玻璃，科学家认为它可能是由石英质陨石在坠入大气层燃烧后快速冷却形成的。玻璃陨石还有很多的昵称，如“莫尔道玻璃”“雷公墨”等，它存在于广义珠宝玉石的范畴中。

◎请根据本章内容总结一下，跻身珠宝玉石大家庭所要具备的基本条件。

参考答案：美丽、耐久、稀有。

第四章

◎每种宝石矿物只具有一种特定的光泽吗?

参考答案:影响宝石矿物光泽的因素很多,它与材料的质地也有关,例如质量上乘的绿松石可能呈现油脂光泽,但劣质绿松石由于疏松多孔,会呈现土状光泽。同一块宝石矿物的光泽也会不同,例如石榴石本身的光泽为玻璃光泽,但当它出现断口时,由于断口不平坦,有颗粒感,呈现出油脂光泽。例如下面两幅照片中的孔雀石,它们的光泽各不相同,您能判断它们分别是什么光泽吗?

(参考答案:左图中的孔雀石为丝绢光泽,右图中的孔雀石为土状光泽)

第四章

◎准备矿物的光泽标本盒,请你根据本章知识判断矿物标本的光泽。

参考答案:选择报纸、聚光手电筒可测量珠宝玉石的透明度。将珠宝玉石样品放在报纸上,如果能透过样品,清楚看到报纸上的字,则透明度程度为透明。如果可以看到报纸上的字,但略有模糊,则为亚透明。如果可以看到报纸上的字,但完全无法看到报纸上的字迹,只能判断报纸上有字,则为半透明。如果样品放在报纸上,无法看到报纸上的字,这时,用聚光手电筒从样品底部照射,研究观察样品的顶部,如果有光透出,则为微透明;如果无光透出,则为不透明。

◎请根据猫眼效应产生的原理，推测星光效应产生的原理。

参考答案：猫眼宝石的形成是由于宝石内部有一组定向排列的纤维状、针状或管状包体，当光线入射宝石后，被这组包体反射出来，形成了一道灵动的亮线。让我们试想一下，当宝石中有两组定向排列、互成夹角且交叉于一点的包体，宝石的表面是否会出现两道猫眼线叠加的效果？是不是就是我们所说的四射星光？以此类推，六射星光相当于三组定向排列的包体，互成夹角且交叉于一点；十二射星光相当于六组定向排列的包体，互成夹角且交叉于一点。

不难知道，形成星光效应的必要条件：①宝石内部含有两组或三组或六组定向排列的纤维状、针状或管状包体；②宝石切磨成弧面型，且弧面型宝石的底面与这些包体所在的平面平行。

◎请您猜猜下面图中的眼睛分别属于哪种动物？

- 小小珠宝评估师 -

◎请您像珠宝评估师一样针对图片中的星光宝石做出准确、有序的描述记录，并根据星光宝石的评估依据对图片中的星光宝石的品质进行排序。

星光蓝宝石评估报告（Ⅰ）

名　称：星光蓝宝石
编　号：S-001
琢　型：椭圆弧面型
颜　色：深蓝黑色
质　量：10.83ct
透明度：微透明
光　泽：玻璃光泽
描　述：星光蓝宝石，未镶嵌，体色为深蓝黑色，微透明，具有六射星光效应，星线聚焦于一点，星线较粗，星线未位于宝石中央。

星光蓝宝石评估报告（Ⅱ）

名　称：星光蓝宝石
编　号：S-002
琢　型：椭圆弧面型
颜　色：紫红色
质　量：8.68ct
透明度：半透明
光　泽：玻璃光泽
描　述：星光蓝宝石，已镶嵌，体色为紫红色，半透明，具有六射星光效应，星线模糊。

星光蓝宝石评估报告（Ⅲ）

名　称：星光蓝宝石
编　号：S-003
琢　型：椭圆弧面型
颜　色：蓝紫色
质　量：6.68ct
透明度：微透明
光　泽：亚金刚光泽
描　述：星光蓝宝石，已镶嵌，体色为蓝紫色，微透明，具有六射星光效应，星线聚焦于一点，且位于宝石中央，星线细而清晰。

致谢

本书所使用的珠宝首饰图片由以下公司提供：

Emil Weis Opals KG

Rex Opal

深圳市中坦珠宝有限公司

深圳市愫合珠宝设计有限公司

武汉市香珞珠宝设计咨询服务公司

NGTC 国检珠宝培训中心广州分校

在图书编写的过程中，徐世球教授、王宽老师提供了专业的学术指导，赵俊明教授、邓常劼校长提供了多幅矿物、宝石图片，卓佳欣老师演示了科学实验。

特此鸣谢！